时间简史

3 时间的历史

郭炎军 编著
张雪青 绘

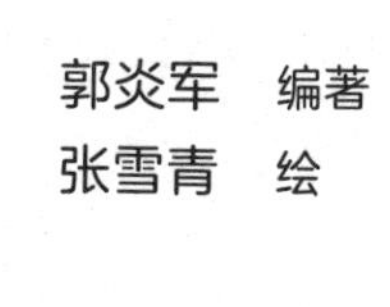

北京理工大学出版社
BEIJING INSTITUTE OF TECHNOLOGY PRESS

前言

仰望天空，我们无时无刻不惊叹于宇宙中无奇不有的神秘。从古至今，各国科学家们一直对探索宇宙的本源和归宿不遗余力：宇宙是有限的还是无限的？它真的有一个开端吗？黑洞为什么那么“拽”，能吞噬一切？时间的本质是什么？会不会真的有一架宇宙飞船能带我们穿越时空，自由往返于过去和未来？……

不管是成人还是孩子，了解更多宇宙的奥秘是我们每个人心中最原始的欲望。对宇宙、时间与空间的认识，人类经历了一段极其漫长的历史。

在天文物理学领域，无数科学家积极投身于宇宙学研究，试图将宇宙更多谜团一一揭开，进而解释宇宙终极真理。

在科学家眼里，几乎一切都可以得到科学证明：当哥白尼的日心说不被大家认可，开普勒干脆用行星运行三大定律为日心说“作证”；当人们对“重的物体一定比轻的物体下落速度更快”这一说法深信不疑，伽利略就在比萨斜塔上用自由落体定律对此予以驳斥；牛顿用三大运动定律对“力”进行解释，之后又将物体力学和天体力学完美统一，创立经典力学体系，从此宣告自然科学第一次大统一。

后来爱因斯坦横空出世，提出了具有划时代意义的相对论，这位“世纪伟人”用自己无懈可击的理论为我们开启了一个探索宇宙的新大门。

从看星星开始，到探索平行宇宙的多重历史，大爆炸、黑洞、暗物质、引力波、星系形成、时间旅行……千呼万唤中，宇宙的神秘面纱被一点点揭开。

此时此刻，宇宙正上演着一幕幕精彩绝伦的故事，当你通过本系列丛书将脑海中的“？”都变成“。”，你的宇宙探索之旅将变得妙趣横生，与众不同。

本套书分为《宇宙大爆炸》《黑洞的谜团》《时间的历史》三册。编写时参考了权威的背景资料和理论信息，尽量避免枯燥的、专业化的理论知识介绍，用大量比喻将深奥的科学知识变得“活起来”“动起来”；同时书中配有精美的、栩栩如生的手绘图片，令人遐想万千，让你在阅读的同时仿佛身临其境。随着书中文字漫步，我们将理解宇宙膨胀，认识遥远的星系、让人“恼火”的不确定性原理、时间箭头、时空旅行……

衷心希望每一位小读者都能在书中有愉快的探索体验。同时，书中难免有疏漏不妥之处，欢迎小读者们批评斧正！

谨以此丛书献给每一位充满探索欲的孩子！

目录

12
9
3
6

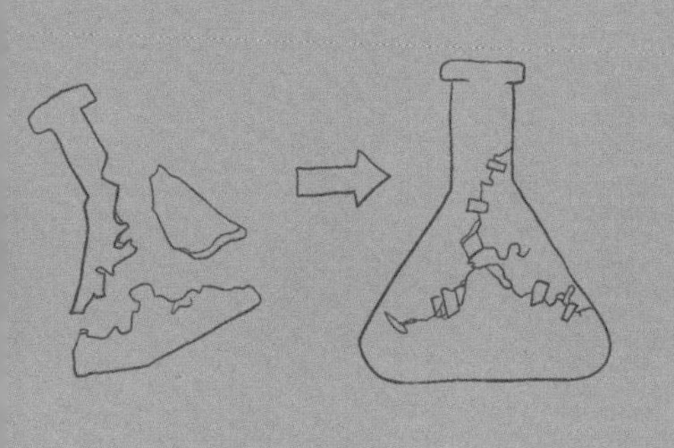

翻开这一页，
欢迎来到
无奇不有的
神秘宇宙！

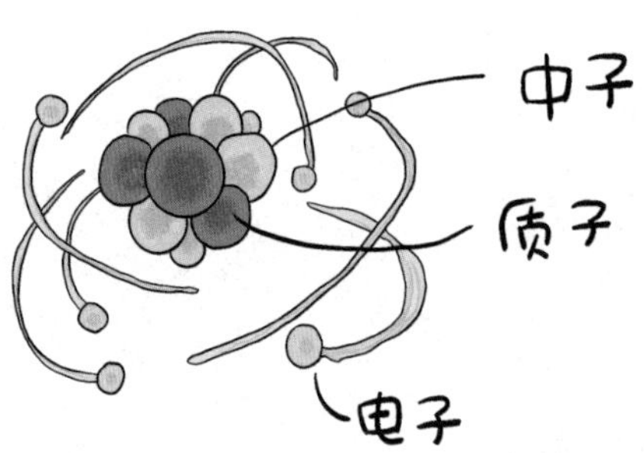

探寻统领宇宙的终极规律：量子力学

对于宇宙中时间和空间的认识，人类经历了一段极其漫长的历史。在这一过程中，科学家们一直致力于宇宙规律的探寻。有人说，人类凭借智慧一定能找到一种制约宇宙中任何一件事物的规律。这样的终极规律一旦被找到，未来的一切都将被我们准确地预言。当然，探索规律的根本目的是确定性，让人啼笑皆非的是，终极规律尚未找到，一个让人听名字就讨厌的定律倒先出现啦！

让人“恼火”的定律：不确定性原理

我们已经知道，原子由原子核和电子组成，电子围绕原子核进行高速旋转运动，那么，对于这些“闲不住”的电子而言，我们能不能对它的位置和速度进行准确测量呢？

答案是否定的！

要对电子的位置和速度进行测量，前提是一定要有光来照射它。一旦光照射电子，光波（光子）自身也会对这个电子进行干扰，因此，电子的位置和速度就会受到很大影响。

要想测得准确，光子数量就需要得越多。毫无疑问，光子需要得越多，对电子的影响也越大，循环往复，怎么也测不准。

因此，不确定性原理在很长一段时间里，还有一个“响当当”的名号：测不准原理。

1927 年，德国物理学家维尔纳·海森堡在发表的论文中提出这一原理，所以这一原理又叫“海森堡不确定性原理”。按

照海森堡的描述，测量时的动作不可避免地搅扰了被测量粒子的运动状态，从而导致不确定性。

对于不确定性原理，我们可以简单理解为：我们不可能同时确定一个粒子的位置和它的动量。当我们精确地知道其中一个变量的同时，就无法精确地知道另外一个变量。

小朋友们有没有觉得，不确定性原理有点“捣蛋”呢？这个原理听名字就让人不喜欢，所以很多哲学家、科学家一点也不喜欢它，甚至还有点讨厌它。

“上帝不玩骰（tóu）子”：量子理论

虽然不确定性原理不被大家喜欢，但物理学上十分重要的量子理论，也是在不确定性原理的基础上发展而来呢！

不管是光还是声音都是由波组成的，这很容易理解。可是，怎么理解波呢？当我们向平静的水面投下一粒石子就能很好地认识它。石子在水面制造的圈圈涟漪，就是水波。

量子理论的主要内容是粒子论和波动论。通过对原子辐射光谱的观察，粒子论认为：光不是连续的，而是由一个一个的光子发出的，这一个一个的光子又叫量子。一束光照过来的同时，也有无数光子扑过来。当然，一束光有很明确的方向和路线，极具规律性，但一个光子的运动就毫无规律可言。我们无法对其进行准确测量，所以只能用概率或可能性来描述它。

波动论最主要的观点就是，光是一种波，是连续的。

因量子理论强调“概率性和随机性”，所以爱因斯坦强烈反对量子理论。在他看来，宇宙有确定性的规律存在，世间一切都不会由随机性控制。对此，爱因斯坦毫不客气地说：“上帝不玩骰子。”

极富戏剧性的是，爱因斯坦虽讨厌量子理论，但在 1905 年，他却率先提出一个自己不喜欢但很有说服力的观点：光子有时候表现得像粒子，有时候又比较像波。

一如牛顿也曾不接受空间相对性，对量子理论的随机性爱因斯坦也坚决反对。在与量子理论支持者的大辩论中，他坚持自己的观点，量子理论不能完整地对我们的宇宙进行描述。可事实证明，量子理论是极其成功的，甚至被认为是现代物理学两大基石之一。

两种理论的“拉锯战”

19 世纪末 20 世纪初，生产的大力发展和技术的日益提高，促成了物理实验上一系列重大发现，使经典物理理论的大厦越发牢固。随着相对论和量子理论的提出，更揭开了物理学革命的序幕。

有人形容，量子理论和相对论的诞生，让当时整个物理学面貌焕然一新。至此，这两套理论虽然在一定范围内并行不悖（bèi），却不能完美融合，它们各自用来解释微观世界和宏观世界。

相对论和量子理论最明显的“拉锯战”表现在这几处：

奇点定理告诉我们，宇宙的开端处存在奇点，广义相对论预言自己将在奇点处失效，可量子力学在奇点附近则和广义相对论矛盾，根据不确定性原理，我们无法同时确定粒子的位置和速度，所以一个粒子的引力场也就很难知道；相对论中，光速无法被超越，但量子力学暗示超光速现象。

向来追求完美的爱因斯坦对这样的局面很不喜欢，因此，他的后半生都致力于寻找一种全新的“大一统理论”来解决这些问题，不过始终未能如愿。

到目前为止，可以将量子力学和相对论完美统一的理论依然不存在。

困境中孕育机遇：量子引力论

尽管广义相对论和量子理论让物理学家们头疼，但世界上很多科学家都十分期待将它们完美融合，或提出一种更简洁明了的对宇宙规律的表达方式。

历史上，很多两种完全正确但又彼此相悖的理论完美结合

后会诞生伟大的理论。每次将两种看似矛盾的理论相结合，都给世界带来极大改变。

牛顿万有引力定律就是开普勒天体椭圆形运动规律和伽利略抛物线定律的整合；爱因斯坦在与量子理论支持者的大辩论中，提出光波同时具有波和粒子的双重性质……

奇点定理让人们看到希望之光。它真正表述的是，引力场如此强大，所以量子引力效应也极为重要。

小朋友可以这样理解：在描述宇宙的极早期阶段，量子引力论可以代替经典理论。量子引力论认为，奇点根本不存在，一般科学定律在任何地方都有效，完全不用为奇点假设任何新定律。

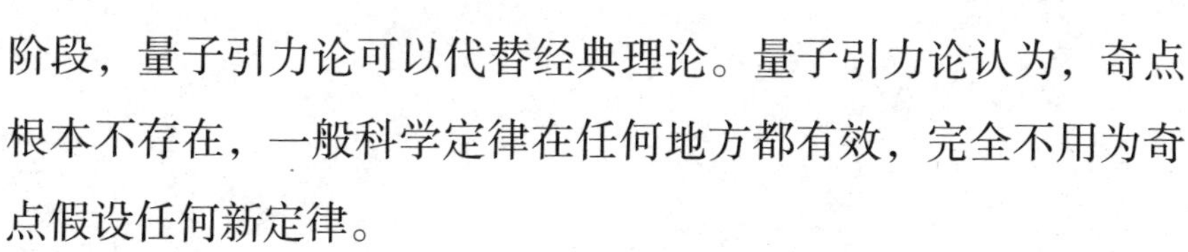

如此看来，我们完全有可能在量子引力论的框架下找到制约宇宙的终极理论。不过，我们现在的科技还没有达到这一目标，量子引力论或将成为最伟大的理论之一。

有限而无界：欧几里得时空下的宇宙

在我们人类智力能达到的最前沿，科学散发出无与伦比的迷人魅力。很多时候，科学真相可能会被暂时的迷雾笼罩，等迷雾散去，必将迎来人类对科学认识的再一次伟大飞跃。虽然，科学家们没有找到一种理论将相对论与量子理论完美结合，但这种“大一统”理论已经初露端倪（ní）……

终极理论的特征：虚时间

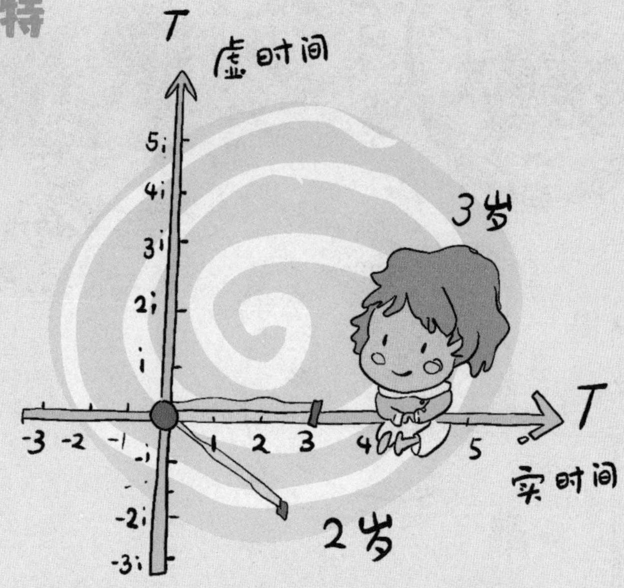

科学家们千呼万唤的理论姗姗来迟，有关终极理论的特征已经被他们找到，但必须引用“虚时间”这一概念。

在科学家们看来，终极理论一定要结合费曼所提出的对历史求和，并用公式将量子理论的思想完整地表达出来。

费曼的历史求和方法认为：一个粒子绝对不止一个历史，而是被看成在空间－时间里每一个有可能通过的路径。值得注意的是，每条路径都有一对相关的数，其中，一个数表示它在循环中的位置，一个表示波的幅度。

所以，可以将粒子通过某个特定点的概率，看成将通过这一点所有可能的历史的波相叠加。可是，在实际求和的过程中，遇到了很大的技术难题。为了更好地规避出现的问题，科学家们只好使用“虚时间”这个概念。

了解虚时间时一定要清楚，人们是对发生在“虚”时间内的粒子的途径的波进行求和，可不是对在我们经验之内“实”时间内的粒子的途径的波进行求和。

宇宙模型新尝试：欧几里得时空

学数学时我们不难发现，当任意一个实数与自己相乘时，毫无疑问，其结果一定是正数。如 3 × 3 ＝ 9，并且 –3 × –3 也是等于 9。不过，虚数就不是这样，它“特立独行”，风格“自成一派”，它们和自己相乘时，得到的却是负数。虚数单位用 i 表示，它和自己相乘，其结果为 –1，2i 自乘时其结果为 –4。

通过图解的方式，我们能更好地理解实数和虚数。

画一条从左到右的线表示实数，中间为零点，1、2、3 等正数在右边，–1、–2、–3 等负数在左边；画一条上、下垂直的线表示虚数，–i、–2i 等位于中点之下，i、2i 等位于中点之上。小朋友们可以这样简单地理解为：图例中，从左到右的水平线代表实时间，上下垂直的线就代表虚时间，虚时间和实时间呈直角排列。

经典理论预示的实时空告诉我们：宇宙要么已经存在无限长时间，要么从过去某一奇点处开始。如此一来，实时间被人们看成起源于大爆炸，终止于大挤压的一根直线。不过，在量子引力中，一种新的可能却出现了。

因为虚时间的出现，人们就可以考虑和实时间成直角的另一时间方向，在这个时间的虚方向，时间和空间方向完全等同，在范围上，时间虽然是有限的，但没有任何边缘和边界的存在。

这种具有虚值时间坐标的时空以希腊“几何之父”——欧几里得的名字命名，称为欧几里得时空。

理解宇宙新模型时，用这样一个比喻形容再合适不过啦：就像一只在球面上爬行的蚂蚁，虽然球的面积有限，但不管蚂蚁怎么爬，都永远找不到球的边界或边缘。在欧几里得时空中，时空边界也依然没有被找到。

这样的比喻是不是很有趣呢？

宇宙量子态：弯曲时空的行为

在爱因斯坦相对论思想中，引力场是由弯曲的时空来代表的，这是终极理论的另一个重要特征。

爱因斯坦指出，在弯曲的时空中，粒子总是沿着最近似于直线的路径来行进，可因为时空并不是看起来那般平坦，所以粒子行进的路线很像是被引力场折弯了。

在看待弯曲时空这一问题时，如果结合费曼的历史求和方法，那么事实上，关于粒子历史求和的内容就成为宇宙历史完整又弯曲的时空的代表。

从前文可知,弯曲的时空必须采用欧几里得时空。也就是说，时间与空间的各个方向不可区分，而且必须是虚的。为了计算在每一点和每一方向上看起来都一样的实时空概率，对具有一定性质的时空而言，就需要把所有和具有这些性质的历史相关联的波全部叠加。

在以实时空为基础的广义相对论中，宇宙的行为方式只能有两种：一、宇宙已经存在无限长时间；二、它在有限的过去某一时刻的奇点上有一个开端。

假如宇宙真的有一个开端，那么必然有初始状态。在广义相对论的经典理论中，很可能存在许多不同的弯曲时空，每个时空都有不同的初始态与之相对应。一旦宇宙的初始态被我们知道，那么我们就能知道它的整个历史啦！

同理，在量子引力论中，很可能有很多不同的宇宙量子态存在。知道在历史求和中欧几里得弯曲时空的早期行为，那么，我们就会知道宇宙的量子态。

知识链接

虚时间与数学中负数概念的引入一样，一个最简单的比喻是：在真实世界里，一个压根就没有放任何苹果的筐子里，苹果数目一定不会减少；可在有负数的数学王国里，却能理解为，筐子里有 -3 个苹果。也正是在虚时间的概念下，“宇宙之王”霍金开始对宇宙状态的所有要素进行推理。

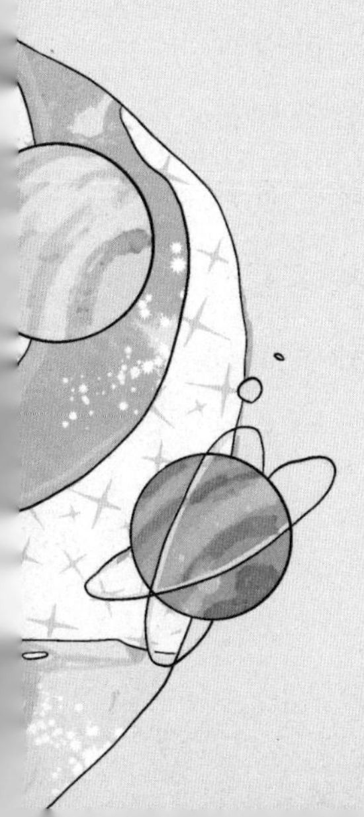

宇宙即存在：不被创生，不被消灭

从数学角度而言，经过演化，一个量子化的初始宇宙极有可能形成无边界性质的宇宙。目前，想从其他原理中得出时空有限而无界的结论还不太可能。所以，我们也不能在量子理论条件下判断观测和预言是否一致。完全有理由认为，我们虽然已经知道量子引力论所具备的特征，但事实上，我们却没有能力给它一个准确又完整的定义。有人说：描述任何一种宇宙模型时，如果用数学方法来计算都是十分复杂且困难的，因此，人们想通过计算对宇宙做出准确的预言毫无可能。

宇宙的边界条件是它没有边界

在量子理论中，宇宙还存在第三种可能。

因量子理论中的时空采用欧几里得模型，因此，时间和空间方向处于相同的基础之上，时空在范围上虽然有限，但形成边缘或边界的奇点却不存在。

时空就像是多了两个维度的地球表面，地球的表面积是有限的，可没有边缘或边界。在这种假设下的宇宙是“虚”时间宇宙，很好地避免了因奇点问题而带来的麻烦，让全部参与宇宙演化的要素都在初始状态的宇宙中存在，当然，我们所理解的发生弯曲的时间和空间也不例外。

对于这种宇宙无边界概念，我们还可以进行这样的假设来增强理解：当你在地球表面行走，不管你朝向何方，不管你走了多远，即使你长年累月一刻不停地行走，

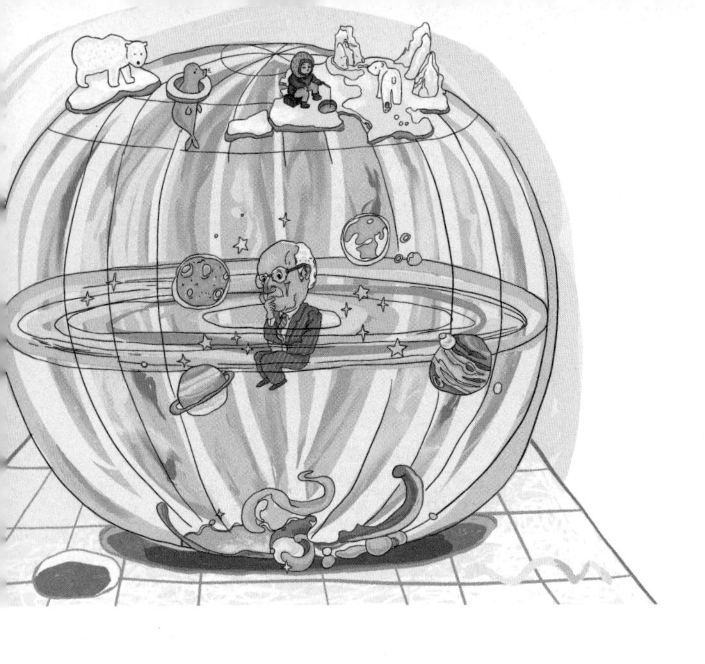

你也一定不会遇到任意一个有边界标志的路牌。再比如，让你在一个超级大的气球表面上行走，你可以行走在气球的内表面，也可以行走在气球的外表面，但还是会遇到与之前一样的情形。这种情形对无边界宇宙的形状和大小并无要求，只需具备连续的时间和空间就好啦！

将欧几里得时空延伸至无限的虚时间，那我们就会再一次遇到“麻烦”：“上帝”知道宇宙是怎么开始的，但我们却一无所知。因量子引力论为我们提供了新可能，所以，不需对边界上的任何行为有所指定，当然，这也包括上帝或一些新定律给时空设定边界条件的时空边缘。

多有意思啊！

这么说，宇宙不被除了自己之外的任何东西所影响，它完全自给自足，它就是存在，既不被创生，也不被消灭。可以这样认为：宇宙的边界条件就是没有边界。

“实”时和“虚”时，谁更真实

费曼历史求和方法除了可以描述粒子路径和时空，也能描

述对宇宙历史进行观测的高智慧人类。

如果用历史求和方法对人类进行描述，那么任何一种历史都有可能。不妨这么认为，我们生存其间的历史之所以是这个样子，是因我们生存其间。只要我们存在于其中一个历史中，对其他那些历史的意义丝毫不用过问。

应该说，这一结论为人存原理提供了很好的支持。当然，产生这一结论的量子引力才更让人满意。

根据无边界假定，宇宙遵循大多数历史的机会完全可以忽略不计，它更倾向于遵从一族特别的历史来演化。这一族历史像极了地球表面：北极与地表的距离表示虚时间，离北极等距离圆周长表示空间尺度。如果宇宙作为单独一点从北极开始，当你越往南走，离北极等距离纬度圈就越大，就好像宇宙随着虚时间膨胀一般。

宇宙尺度在赤道处达到最大，最终在南极汇聚为一点。在南北两极，宇宙尺度虽为0，但这两点不是奇点，科学定律在这里依然有效。

在实时间里描述宇宙历史则完全不同。

100亿～200亿年前的宇宙有一最小尺度，它等于历史在虚时间内的最大半径。之后，宇宙以很快的速度膨胀到一个很大的

宇宙存在最小尺度吗？

尺度，最终，重新坍缩成实时间里一个像奇点的东西。假如实时间里这个历史没问题，我们人类注定会毁灭。

人类避免毁灭的最好办法是用不存在奇点的虚时间对宇宙历史进行描述。宇宙尺度在虚时间里是有限的，但不存在边界和奇点，可我们只要回到实时间，奇点就依然存在。

这真是太诡异了！

如果虚时间才是真正的实时间，那么，我们眼里的实时间才是子虚乌有，“实”时和“虚”时谁才更真实呢？

这一问题毫无现实意义，因为这些科学理论仅为数学模型，只是为了对我们的观测结果进行说明而已。

COBE 大发现，无边界条件预言的证实

通过对历史求和及无边界假设，科学家们指出：在具备现在密度的某一时刻，宇宙在所有方向上以同等速率膨胀。

这很好地说明，宇宙在任何方向上的强度都几乎一样。

科学家们在对无边界条件进行研究时，遇到了这样一个有意思的问题：宇宙初期，物质均匀分布的少量偏离到底是多少呢？大家一致认为，不管是宇宙中先形成的星系、恒星还是生命，都是这类偏离所导致的。

不确定性原理认为，宇宙中早期粒子的位置和形状都存在不确定性，这表明宇宙的早期状态不可能保持均匀一致的。

无边界条件表明，宇宙一定从不确定性原理所允许的最小可能的非均匀性开始，之后快速膨胀。这一时期，非均匀性放大到足以让我们对周围结构的起源问题进行解释。

在《宇宙大爆炸》一书中，我们已经对 COBE（宇宙背景探险者卫星）有所了解。1992 年，它第一次检测到宇宙微波背景强度随着方向有所变化，当然，变化极其细微。这种非均匀性随方向的变化与无边界设想的预言完全吻合。

正是这细微变化“告诉”我们：在一各处物质密度有细微变化的膨胀宇宙中，较紧密区域的膨胀因引力而减慢，并随之收缩，这就导致星系、恒星以及生命的出现。

如此一来，宇宙中看到的所有复杂结构都能用宇宙无边界条件和量子理论中的不确定性原理来解释。

时间箭头：过去和未来的时间真相

对我们所有人而言，貌似很公平的时间既神秘又难以掌控。有关时间，我们难免疑惑，在漫长的时间洪流中，为什么我们只能记住过去而不是将来呢？怎么区分过去和未来？时间往前或往后，用科学定律又该怎么界定呢？……

时间箭头：时间的单一方向性

时间好比离弦的箭一般，一去不复返。

著名作家L. P. 哈特利也在其著作中这样写道：过去，乃是异国他乡，那里的人行事之方式与这儿颇不相同。为什么过去与未来总会有这么大的差别呢？为什么我们记住的只是过去，而不是未来？

这段问话也可以这么理解：为什么时间总是一直向前？

在物理学范围内，时间这种从过去向未来前进，绝不可能逆行的特性叫作时间箭头，它最明显的特征是具有单一方向性。

根据相对论可知，时空是时间和空间一起创造的。但我们总是对时空感到迷惑，因为空间和时间带给我们的感受截然不同。

对空间来说，我们离开一处

地方后，还有可能再次回到原处，但时间只是一味地向单一方向飞逝，想再回到曾经的起点是万万不可能的。

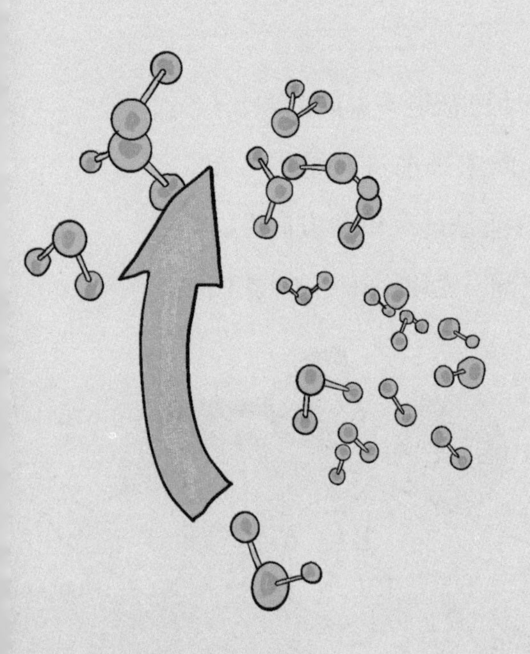

理解时间箭头的特性时，不妨用事例来说明：将水从杯子流出的情景用摄像机录制下来，如果倒带观察，满溢的水会重新回到杯内，这种情形在自然状态下一定不可能发生，因水在杯子里的状态属于过去，水从杯中倒出来的状态属于未来，这一事实无法更改。

小朋友们对钟摆运动都不陌生吧？如果长时间观察钟摆运动，在空气阻力和摩擦力的“阻挠”下，钟摆摆动幅度会越来越小，直到停止。不过，钟摆处于静止状态时不会再次摆动，但我们却能对钟摆过去和未来的状态进行区分。

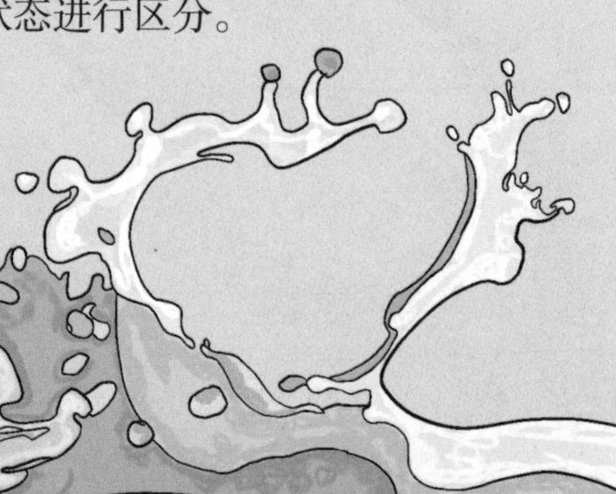

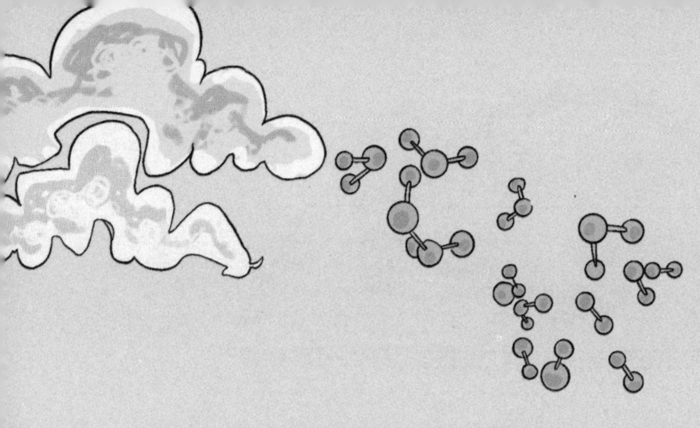

以行星的公转运动来举例，从行星诞生开始，到行星灭亡而结束。就我们的经验而言，自然界产生的很多现象都是在某一方向发生，但在相反方向绝不可能发生。因此，我们才有时间从过去流向未来的感觉。

没有过去和未来的水分子

假如我们观察的不是一杯水，而是其中一个水分子的运动，又会有什么惊人发现呢？

如果将这个水分子的全部运动过程录制下来，之后倒着观看录像带，我们将发现水分子从地板跃入杯中的画面。

当你看见这一情形，是不是大跌眼镜？如

果把这一现象看成分子运动，就不会觉得有违常理啦！

小朋友这么理解或许更容易：水分子由一个氧原子和两个氢原子构成，当我们把关注点从一杯水转移到其中一个水分子，并将这一水分子取出来之后，不管水分子溢出杯外，还是重新回到杯中，只要将它解释为分子运动，过去未来的概念对它而言，将不复存在。

因为，在物理世界的运动法则中，反运动是允许存在的。不仅仅是运动法则，物理学领域的重力法则、电场与磁场的法则，或者说全部的物理法则，都不能区分过去和未来。

唯一可以对过去和未来进行区分的法则，只是某种特别的分子的法则罢了。从这些基本的物理法则可以推理出结论：时间不会流动。

毋庸置疑，这一结论在现实生活中明显不正确，但很多实验证明的物理法则的正确性又是“千真万确”的。

验证时间真相：够“魔幻”的硬币实验

一千克水里的水分子难以计数，一个粒子的运动没有过去和未来的区别，但在有无数粒子参与的情况下，情形就大不一样啦！

为了让小朋友们更好地理解，我们用硬币实验来说明。

桌子上放置 1 枚硬币，不断敲打桌面，直至硬币翻面。假如将这枚硬币的运动过程录制下来倒带观察，会发现与之前发生的情况完全一样，因此对这枚硬币来说没有过去、未来的分别。

再进行 10 枚硬币大“演练”。

桌上并排放置 10 枚硬币，进行与刚才相同的动作。一开始，我们先将硬币正面并排，敲打桌面后，总有几枚硬币“足够调皮”而翻转过来；经过连续不断的敲打，最终结果为大约 5 枚硬币为正面、5 枚硬币为反面，也可能偶有例外，6 枚对 4 枚。

我们也将这 10 枚硬币的运动过程录制下来倒带观察，就会发现硬币由最初 5 枚正面、5 枚反面的情况逐渐变为全部正面并排的影像。

小朋友是不是觉得好“魔幻”呢？因为这种情形“好稀罕”！

当硬币数量越多，全部正面排列的情形就越不可能。这么看来，多枚硬币的运动向我们展示了方向性，因此也就可以对过去和未来进行区分。

小实验，大道理：硬币实验揭示时间本质

在风靡全球的日本动画片《哆啦A梦》中，可爱的“蓝胖子”机器猫通过书桌的一个抽屉往返于过去和未来；在《哈利·波特》中，主角哈利·波特和他的朋友们在魔法棒和咒语的帮助下跑入另一个房间；在影片《超时空效应》中，道格·卡林在一种与时光机器类似的房间里回到20个小时前，对受苦受难的人进行拯救……呀！从未来回归过去，真的有可能吗？

时间本质为一种可能性的流逝

想更好地理解时间本质，我们还是借助之前的硬币实验。

10 枚硬币都呈正面状态的情况虽然只有一种，可呈现别的状态的次数就有很多种啦！

10 枚硬币里，9 枚正面对 1 枚反面的概率数目，不管哪枚硬币为反面，共有 10 种；8 枚正面对 2 枚反面的概率数目，不管哪 2 枚为反面，共有 45 种……照这样计算，5 枚正面对 5 枚反面的状态概率数目最大，为 252 种。

之所以出现这种情况，并不是因为特殊原因，它只是和硬币全是正面的情况相比，多了 252 倍的可能性而已。

一枚硬币，不能区分它的过去和未来，对于多枚硬币来说，更倾向于呈现概率数目较大的状态。当然，这可不表示它不会倾向反方向，但概率就太小啦！

硬币实验的概率性“告诉”我们：时间是一种可能性的流逝。

因运动所导致的过去和未来的区分是有概率性的。我们有理由认为，从未来回归过去，概率虽然微乎其微，但不是没有可能。

在能看见运动的人眼中，他（她）就会有一种时间从未来回到过去的感觉。

“糟糕得直冒泡儿”：熵增大法则

在硬币实验中，硬币朝向概率数目较多状态转变从而导致系统发生变化这一结果称为熵增大法则。

1850年，德国物理学家克劳修斯提出“熵”这一术语，可用来表示任何一种能量在空间中分布的均匀程度。能量部分越大，熵也越大。某系统能量完全分布均匀时，熵达到最大值。

小朋友们可以简单理解为：熵是一个表达系统中的繁杂或无序的量。

在硬币实验中，我们研究的物理系统为10枚硬币，10枚硬币中有几枚是正面的为系统状态。这一系统中，全部为正面状态的概率数是1，正面状态是9枚的概率数为10，正面状态是5枚的概率数为252。

熵增大法则同样可以用来形容宇宙的无序性。

一只玻璃碗从桌子上掉到地面，摔得粉碎，无序程度增加，我们绝不会看到，玻璃碗的碎片自动聚集，重新变成玻璃碗。

知识链接

怎么更好地理解宏观和微观概念呢？简单来说，从大的方面观察事物称为宏观；从小的方面观察事物称为微观。值得注意的是，在自然科学中，分子、原子等粒子层面的物质世界构成微观世界；除微观世界之外的物质世界为宏观世界。当然，宏观世界也包括星系或宇宙等物质世界。

宇宙的无序程度没有自动减少的可能，因为熵总是在增大。

同样类似的还有宇宙形态。自宇宙诞生以来，它总是在膨胀，不断膨胀，它唯一的方向就是膨胀，从未收缩。

熵增大法则、时间只能向前、宇宙膨胀这三者都是单向的。那会不会宇宙停止膨胀，开始收缩，时间就会不再向前，反而往后呢？宇宙中的熵也不再增加，而是减少，那是不是就意味着摔碎的碗可以重新变成新碗呢？

呀！

假如果真如此，那就会出现先有我们，再有我们的父母这种情况，这简直糟糕得直冒泡儿！即使宇宙再膨胀100亿年，之后开始收缩，熵依然不会减少，宇宙的无序性还是会不断增加，只是速度变慢而已。因此，碗的碎片绝不会重新变成碗，也不会有人从老年长到幼年……

因为，宇宙这种逆转过程是不会发生的！

分身有术！熵增大法则下的两种状态

从硬币实验中我们得出熵增大法则的结论。熵增大法则“摇身一变”，又可分为宏观、微观两种状态。

宏观？微观？小朋友们是不是有点摸不着头脑呢？

在硬币实验中，宏观状态指：用几枚硬币是正面的指定方法来决定的状态。这一状态的关注点并不是哪枚硬币是正面。微观状态指：对每一枚硬币是正面还是反面进行关注的状态。事实上，哪怕粒子的个别运动有细微变化也不会对宏观状态产生什么影响，所以大多数微观状态是与宏观状态相对应的。

10 枚硬币中，5 枚为正面这种宏观状态有 252 种概率，也可以这样理解，252 个微观状态对应一个宏观状态。

很多时候，因宏观状态的熵更大，所以微观信息才不被我们关注，但并不代表它不存在。

对于微观状态来说，熵的概念并不适用。对应微观状态数越多的宏观状态，熵越大；在指定宏观状态的前提下，微观状态数再少，依然可以知道对应微观状态的大体情形；即使指定宏观状态，微观状态数再多，我们还是无法知道微观状态的具体情形。

假如熵处于宏观状态，就失去了如“粒子的个别运动”一样的微观信息，微观状态的信息也因此无从得知。

超燃超劲爆：时间箭头也不同

在物理学中，时间从过去流向未来是由普通熵的增大方向来决定的。实际上却并不是这样。只是依靠光具备熵增大法则这一点是不可能决定时间方向的，但是，它却可以决定其他时间的方向。其他时间？是不是很难理解呢？你也一定想象不到，时间箭头也是有超多种的呢！

感知时间：热力学时间箭头

热力学第二定律基于这样一个前提：总是存在着比有序状态多得多的无序状态。对这一说法的理解，小朋友不妨回想一下玩拼图的情景。

对于一盒拼图，我们要把它拼成一幅完整的图案，有且只有一种排列方式。可假如将这盒拼图打乱排列不构成一幅完整的图，那排列方式的数目就太多啦！

其实，热力学时间箭头就源于热力学第二定律。

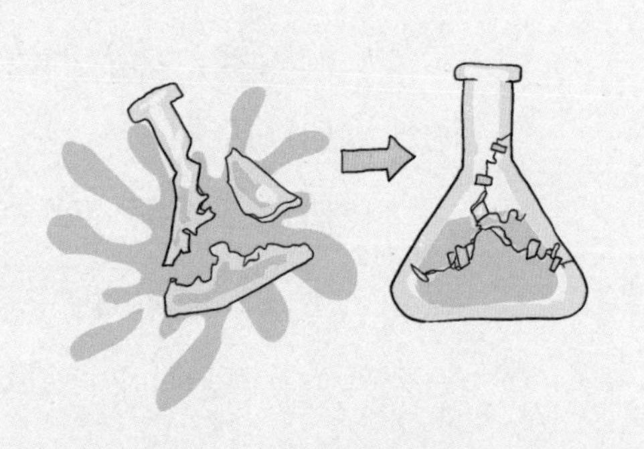

这一定律认为：随着时间推移，一个孤立系统的熵不但不会减少，而且会不断增加。熵被看作无序的量

度，所以也可以理解成，随着时间流逝，孤立系统越来越呈现无序状态。在这种不对称性之下，我们就能很好地区别过去和未来。

即使在时间推移中，孤立系统表现得越来越无序，可系统的各部分却不是孤立存在的，而是有着关联。

我们用“杯子被打碎”的事例来加以说明：

杯子最终状态——碎了，比初始状态——完整的杯子更无序；可是，杯子的各部分却存在关联——相邻两块杯子碎片的边缘可以完美贴合。在过去，一个孤立系统是有序的且其中各部分是无关的，但在将来，虽然各部分无序却是相关的。

应该认识到，第二定律对微观个例来说并不是确定性的，它描述的是系统向高熵状态转化的整体趋势。

宇宙论时间箭头由宇宙膨胀所决定

光，从过去传向未来，且不会逆行。这点我们有目共睹。光是波的一种，从波的传导方向来看，可以对时间过去和未来的性质加以区分。

我们说，大部分物理法则都不能区别过去和未来，即使波也不例外。如果这样理解，假如波从未来向过去传导，也就不值得大惊小怪啦！可电波如果也是这种波，那是不是可以理解

为，通过对它的使用，我们今天就可以知道明天的新闻了呢？这太耸人听闻了吧？

有科学家指出：熵决定波所决定的时间方向，这也意味着，波和熵的方向是相同的。可也有反对意见认为，两者的方向毫无联系。但更多人赞成“我们所察觉的时间流动，是增大的熵所决定的”这一观点。

时间箭头在我们不能涉足的地方也依然存在。

以宇宙膨胀的方式来定义时间箭头会怎样呢？即使宇宙永远膨胀，这一方向也不会有任何变化。

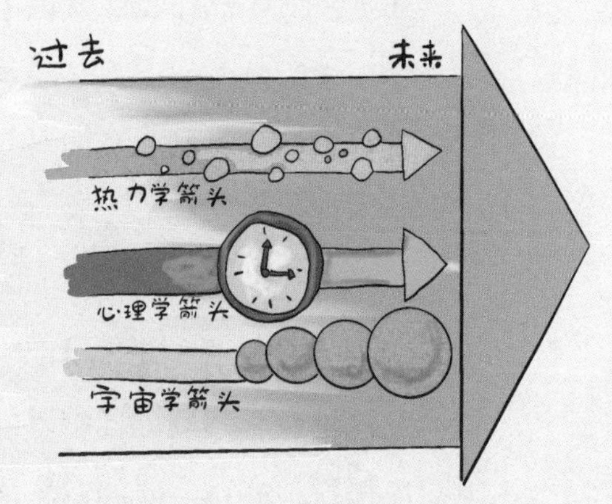

不过，当哪天宇宙封闭，开始由膨胀状态转为收缩状态，从宇宙收缩的那一刻开始，时间箭头也会突然“逆反”。所以，宇宙论时

间箭头就由宇宙膨胀而决定。

聪明的小朋友可能觉得，宇宙论时间箭头和我们能亲自感受的热力学时间箭头好像毫不相关呀！不过，单从“方向”这点来说，它们之间的联系就很紧密啦！

意识中的时间：心理学时间箭头

告诉小朋友们一个绝对劲爆的消息：在我们的意识中，也存在着时间箭头。是不是很不可思议呢？

对于过去发生的事情我们很容易记住，但未来会发生什么我们一无所知。小朋友们可能都有这样的感觉：快乐的时间总是转瞬即逝，悲伤的时间似乎“没完没了”……

其实，这些都和我们意识中的时间箭头脱不了关系。

心理学时间箭头是我们人类经验中最显著的箭头。我们常常会觉得自己正从过去走向未来；我们有所觉察并只记得的是过去而不是将来。

科学家们认为，心理上的时间方向是热力学时间箭头和各种表现形式经过我们的意识归纳总结后获得的经验，所以，我们通过这种经验判别记忆中事件发生的顺序，从而感知时间。

应该说，心理学时间箭头离不开时间感。

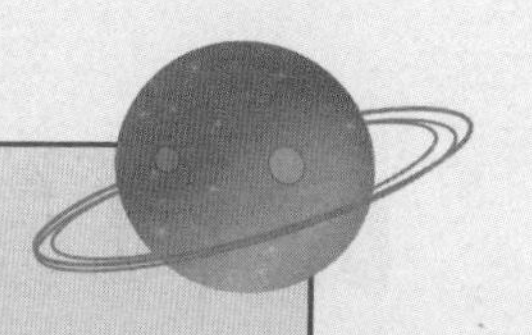

知识链接

有人好奇，婴儿也能感知时间流逝吗？答案是否定的。如果将刚出生的婴儿大脑看成一台新电脑，在之后的成长中，他（她）开始将各种信息在零基础的记忆里储存，记忆量因此叠加。根据婴儿记忆这一现象，科学家认为：人们感知时间是一个渐进的过程，将记忆较多的方向归纳为过去，将记忆较少的方向归纳为将来。

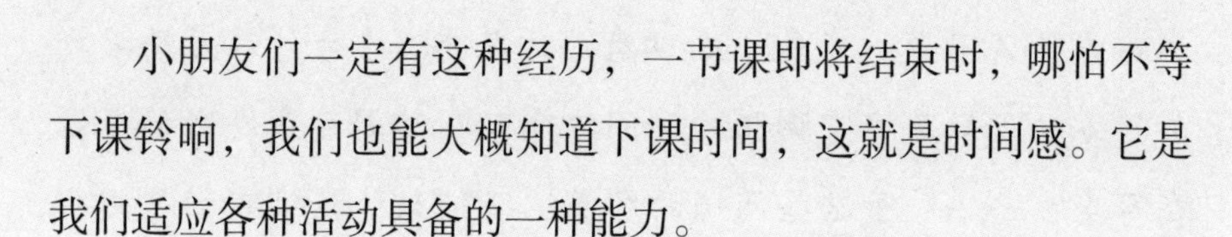

小朋友们一定有这种经历，一节课即将结束时，哪怕不等下课铃响，我们也能大概知道下课时间，这就是时间感。它是我们适应各种活动具备的一种能力。

当然，各种人因年龄、职业及生活经验的不同，在时间感知方面的差异也十分明显。这种时间感可以通过相应训练来获得，就像经验丰富的歌唱家那样，通过掌握动作的时间和节奏，就能让演唱的各环节天衣无缝。

要是小朋友能准确地估计下课时间，这种时间感也是很了不起的呢！

时间箭头“诞生”记

我们已经知道，不管是热力学时间箭头还是宇宙学时间箭头，它们都指向相同的方向。不过，热力学时间箭头为什么必须存在呢？在我们所认为的过去的时间一端，宇宙为什么不是一直处于高度有序的状态呢？为什么无序度增加的方向正好是宇宙膨胀的时间方向呢？时间箭头存在的根源在哪里？……对于这些问题的解答，我们只能从宇宙的早期状态中找寻答案。

只有膨胀的宇宙才能“孕育”智慧生命

宇宙无序度增加的时间方向之所以和宇宙膨胀的时间方向相一致，是因为宇宙无边界设想的预言。

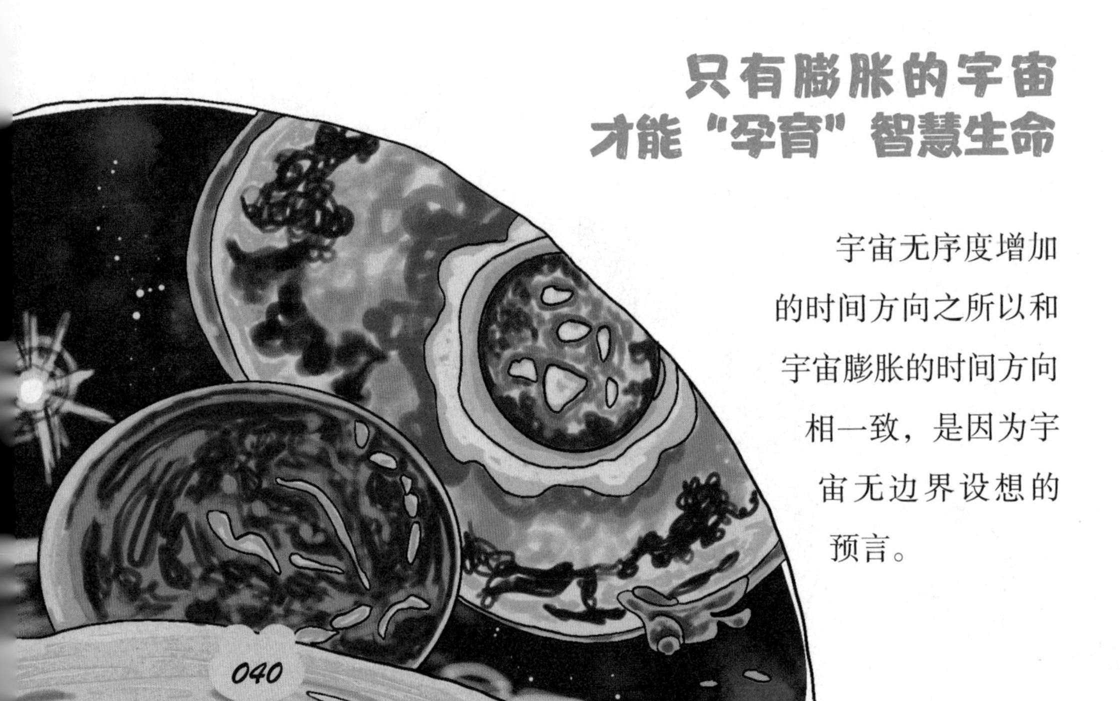

宇宙早期阶段，它以近似临界速度的速度在膨胀，这一速度正好避免了坍缩。所以，在漫长的时间里，宇宙才能一直保持不坍缩状态。而等到所有恒星燃烧殆尽，其中的中子和质子极有可能衰变为辐射和轻粒子，届时，宇宙完全处于无序状态，也就不会有很强的热力学时间箭头。

在这一情况下，宇宙无序度不会随时间方向而增加太多，但是对于智慧生命的行为而言，强的热力学时间箭头仍有必要。想要生存，人类必须进食并从中获取能量。在此，食物是能量消耗的有序形式，热量是能量的无序形式。也可以理解为，人类想要生存，离不开从有序到无序的转换。

所以，智慧生命不可能生存在宇宙的收缩中。如此一来，就很好地回答了上面的问题，宇宙膨胀不是导致无序度增加的因素，而是无边界条件导致了无序度的增加。

虽然科学定律不能区分时间的过去和未来，但至少有三种时间箭头能做到：热力学时间箭头——无序度增加的时间方向；

宇宙学时间箭头——宇宙膨胀而非收缩方向；心理学时间箭头——能记住过去而不是未来。

其实，我们人类所认为的宇宙进步，不过只是在无序度增加的宇宙中建了一个有序的小小角落而已。

春

找啊找，时间箭头的“源头”在哪里？

任何事情的结果都有原因，那么，要让时间从过去流向未来，需要什么样的条件呢？对此，科学家们找啊找，进行了各种假想，最后得出结论：要实现这一结果，就一定要在最开始准备好极低状态的熵。

这一说法可用之前的硬币实验来说明：

最初，10枚硬币全部正面朝上，这可以理解成低状态的熵；之后，因状态改变导致方向性不同。如果最初是从5枚硬币为正面状态的熵开始，一半为正面的状态会一直持续，没有任何变化。

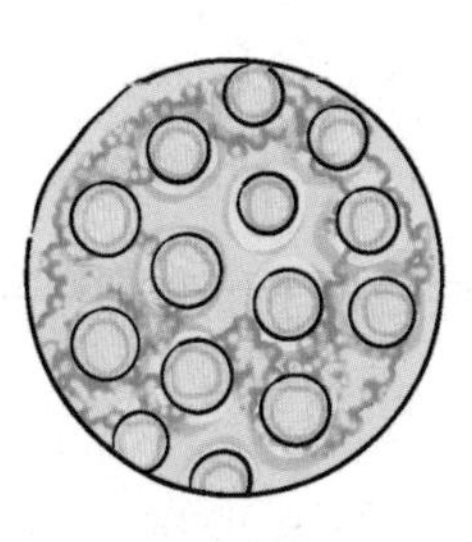

“熵”低

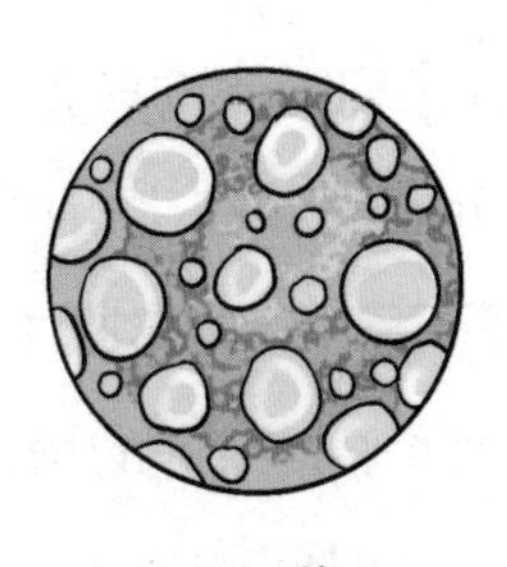

“熵”高

熵从低状态的过去迈向高状态的未来这种情形像极了时间

的流逝。

探明时间箭头的关键在于，阐明为什么一定要在最初准备好低状态熵。在生活中，低状态熵的事例比比皆是。如黏（nián）土烧成的茶杯就是低状态熵的实例。黏土之所以被制成茶杯，是因为有烧黏土的炭等作为能源。燃烧之前，这些能源的熵都处于极低状态。即使它们是可燃烧能源，也不能从燃烧殆尽的渣滓中重新燃烧。这表示，必须先有低状态的熵能源，才能使之成为高状态熵能源。化石燃料类能源（如石油），就是用很久前的植物利用太阳能源这种低熵能源所制造的。如果对这种低熵的原因进行追溯，其“目的地”为——宇宙创始状态。

假如在宇宙最开始，熵就处于很高的状态，那么就不会出现低熵状态，更不会出现热力学时间箭头。

“落后”也好“萌”：宇宙收缩，“好事多多”

聪明的小朋友一定会问：时间箭头存在的根本原因是宇宙一开始处于低熵状态，可宇宙创始时为什么处于这种状态呢？

必须为提出这个问题的小朋友点赞！

宇宙一开始处于的低熵状态，是源于宇宙膨胀发生了“收缩”。小朋友想象这样一个事例：

在一个完全封闭的箱子里让熵的状态为最大。假如箱子大小维持原状，熵也维持最大状态。熵的最大状态依箱子大小而发生变化，因此也导致很多不同的细微过程。如果将膨胀速度与细微过程发生的速度相比较，它真是极其缓慢。要让熵保持最大状态，其前提是：让状态发生变化的时间足够充足。假如时间不足以产生细微过程，熵的最大状态也就难以实现。

宇宙创始时，因膨胀速度最快，熵不能达到最大状态而慢慢“落后”，不过，低熵状态下的宇宙却好“萌”，并给我们带来太多“好事儿”！

为什么这样说呢？

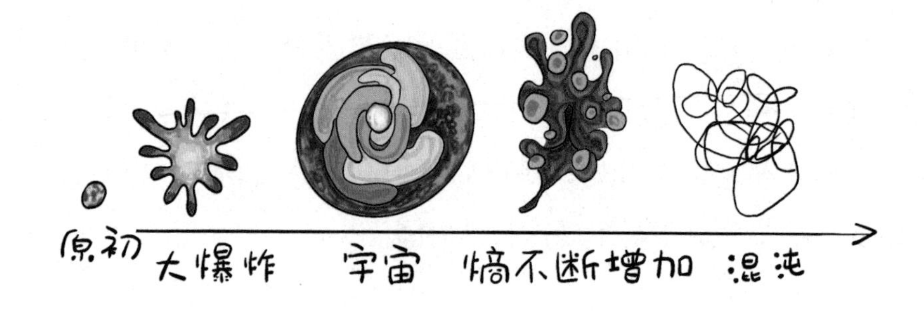

宇宙如果没有高速膨胀，元素合成将逐渐形成，最“安分守己”的铁元素也不例外。但在宇宙高速膨胀条件下，元素合成显得反应“迟钝”，虽然制造出了较轻的氦等元素，但到元素合成完毕，宇宙中也只留下水的构成元素和氦啦！

我们知道，太阳绝大部分由氢元素组成，但假如宇宙最初合成了铁元素，那还有太阳“什么事儿”呢？这真是不堪设想！

归根究底，现在宇宙中的恒星，都是源于宇宙最初的收缩，将收缩理解为“落后”更贴切呢！

所以我们才说：宇宙收缩，“好事多多”！

熵定律：当之无愧的自然界“王者”定律

热力学第二定律指出：自然过程中，一个孤立系统的总混乱度（熵）不会减少。这一定律也称为熵定律。量子力学奠基人之一薛定谔（è）除了著名的“薛定谔的猫”思想实验，他还用统计力学和热力学等理论对生命的本质进行了解释。他的名言“生物赖负熵为生”至今仍被我们津津乐道。如果从熵的角度来看进化，熵定律被誉为“自然界定律之最”当之无愧。

薛定谔的猫：活着还是死去，这是个难题

在莎士比亚的巨著《哈姆雷特》中，哈姆雷特说过这样一句纠结的话：生存还是毁灭，这是个问题。

假如被薛定谔用来做实验的那只猫能说话，它一定也会说：活着还是死去，这是个难题！

1935 年，薛定谔提出有关猫生死叠加的著名思想实验。这一实验将微观领域的量子行为扩大到宏观世界的推演。

在这一实验中，装有少量镭（léi）和氰（qíng）化物的密闭盒子里关有一只“倒霉”猫。镭的衰变有一定概率性，假如镭发生衰变，就会碰到机关从而将装有氰化物的瓶子打碎，猫会死；假如镭不发生衰变，猫存活。

但在量子力学理论下，因放射性的镭处于衰变和不衰变两种状态的叠加状态，如此一来，猫也就处于死猫和活猫的叠加状态。当然，这只半死半活的猫就是“薛定谔的猫”。

这只猫在盒子打开前是死是活，或是半死不活，我们不得而知，只有将盒子打开才能知道最终结果。这一实验的根本目的在于，将量子理论带入宏观领域，推导出的结果和常识相冲突。

盒子处于封闭状态时，在量子的世界里，整个系统始终保持不确定性的波态，即猫生死叠加。猫到底是死是活必须在盒子打开后，外部观测者进行观测时，物质以粒子形式表现后我们才能最终确定。因客观规律不以人的意志为转移，猫半死半活严重违背我们的逻辑思维。

在我们的常识中，不管是否观察，猫是生是死都必居其一。薛定谔除了这一思想实验世人皆知，其名言“生物赖负熵为生”更是脍（kuài）炙人口。

生物赖负熵为生

薛定谔于1943年在爱尔兰都柏林大学进行了一系列《生命是什么》的演讲。1944年，在科学界引起极大轰动的演讲稿《生命是什么》汇册出版。在册子中，薛定谔表示希望弄清楚这样的问题："在一个生命有机体空间范围内，怎样用物理知识和化学知识对空间和时间上的事件进行解释呢？"

在册子中，薛定谔提出了遗传密码概念。他觉得遗传密码在"非周期性晶体"中储存，事实上，它就是生命的物质载体。

顾名思义，负熵就是负的熵。从某些角度来说，熵就是物质利用价值的程度。可利用价值越多的状态，熵越低。如此一来，看似转移到没有利用价值的状态就是熵增大法则。

为了维持生命的各种活动，生物体单纯摄取能源是不够的。能源摄入生物体内会有化学变化发生。在这一变化过程中，体内开始有废物堆积，熵也因此生成。

毋庸置疑，废物几乎没有什么利用价值，因此，熵便成为

利用价值较高的物质。如果要避免因熵增大导致最终消亡这一结果，就需要将废物排出体外或进行分解，所以才有“生物赖负熵为生”这一说法，即我们必须食用负的熵或呈现负熵的状态才可以生存。

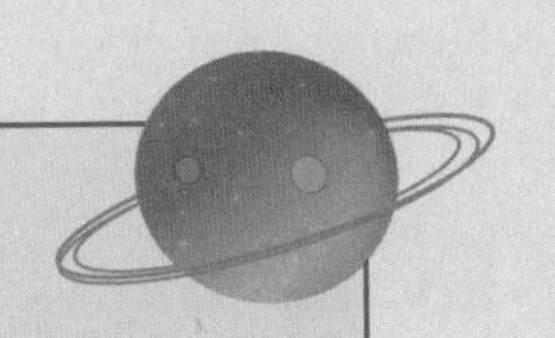

知识链接

埃尔温·薛定谔不仅是奥地利物理学家，更是量子力学奠基人之一。他第一个把遗传物质设定为一种信息分子，并指出遗传是遗传信息的复制、传递与表达。他建立的薛定谔方程是量子力学中对微观粒子运动状态进行描述的基本定律，在量子力学中的地位可与牛顿运动定律在经典力学中的地位相媲美。著名的薛定谔的猫思想实验，试图证明宏观条件下，量子力学的不完备性。他出版有《统计热力学》《生命是什么》等多部经典著作。

从熵的角度看进化：熵定律

小朋友们说到“进化”一词，脑海里首先浮现的一定是生物进化。生物进化十分复杂，远不像我们现在所说的进化这么极端单纯化。

“进化”一词之所以广泛流行，追根究底应该源于太阳的存在。从宇宙创始时有了收缩（落后）之后，才开始有了太阳的存在以及其内部的物质燃烧、能源释放……地球上的全部生物体都是因对太阳能源的利用才产生进化，收缩（落后）是真正的进化原因。

那么，怎样从单纯的进化变为复杂的进化呢？这不是与熵增大法则相矛盾吗？通常来说，单纯的熵一定不能比复杂一方的熵更高。

在之前的以不同速度膨胀的装有熵的箱子这一事例中，要想熵增大法则成立，不受外界任何影响是前提。一旦接收外来能源，毫无疑问，熵会变低。

很常见的一个例子是，冰箱能让内部温度低于周围大气温度，即使让水变成冰也很容易。如果大气温度在零摄氏度以上，水不会结成冰，这一结果就是熵减少所致。冰箱可以让内部熵减少的前提是它从外界接收了电能。

进化也是如此，通过对太阳能源的利用来让自己的熵有所减少，所以，来自太阳的能源必须要让熵减少，并以热量的方式发散出去。因宇宙膨胀，充满空间的辐射温度逐渐降低。因现在宇宙背景辐射的温度（–270 摄氏度）已经远比地球或太阳低，所以热量才能向宇宙空间散发。

总而言之，这类进化的根本原因在于宇宙膨胀造成的低温和宇宙初期的“落后”。

熵增原理是非热能与热能之间方向性转化的反映。自然界能源的演变方向“受制”于这一规律，对我们的生产生活影响极大。

爱因斯坦认为，熵定律比能量守恒定律更重要。熵定律好比公司老板，决定公司发展方向，能量守恒定律好比负责公司收支平衡的出纳。所以，熵定律才是自然界定律的“王者”。

穿越未来，沿着时间箭头前进

英国著名科幻作家赫伯特·乔治·威尔斯在《时间机器》这部科幻作品中有这样一句话：我想乘坐这台机器去时间里旅行。他认为：我们每个人都有时间机器，带我们回到过去的，是记忆；带我们走向未来的，是梦想。在时间里旅行，自由往返于过去和未来，你是不是忍不住惊呼：真是太不可思议了，这脑洞未免开得太大了吧！那么，事实究竟是什么样的呢？

时间旅行，真的很“Nice”

在所有人都惊诧于“时间旅行”这一说法的同时，人们更关心的是，时间旅行真有可能吗？真的可以乘坐时间机器往返于过去和未来吗？

相信这也是所有小朋友最关心的问题吧！

时间一去不返，过去的时间再无回来的可能。不过，在爱因斯坦提出相对论之后，人们的时间观念被彻底颠覆，一种新的时空观建立起来。

相对论认为：时间是相对的。意思是，我们所感知的时间是可以伸缩的，由观察者移动速度所决定。爱因斯坦假设，

光速是恒定的，不管什么物质的运动速度都不能比光速更快。那么如果有谁的运动速度接近或达到光速，就意味着时间将变慢或停止。

看到这里，是不是超振奋呢？

原来，真的可以时间旅行呢！为了验证上面的说法，有人绕世界飞行时将精确度极高的原子钟放在飞机上，之后将读到的时间与留在地面的一样的钟进行比较，结果地面的时钟比飞机上的时钟快。也可以理解成，当运动速度变快，时间的确会变慢。不过，飞机的速度远不能与光速相提并论，实验结果所测得的差距还是太小啦！

此外，相对论还指出：时间空间不是独立的，它们混合为一种相对的四维时空结构。时间流向也并不是一成不变的，它

没有唯一标准，可能加速也可能减缓。在引力这一因素的作用下，运动物质的拖曳很可能让“未来”变成另一番模样。

呀！完成时间旅行理论上是可行的呢！不过，小朋友们最好先准备一台超棒的时间机器哦！

时空旅行家的穿越之旅

小朋友们是不是已经迫不及待地想进行时空旅行了呢？在你有此想法之前，早有人捷足先登啦！

俄罗斯航天员帕达尔卡于 1998—2015 年间完成 6 次太空任务，创下人类在太空停留时间最长的世界纪录——879 天。不管帕达尔卡是在太空种土豆还是进行各类研究，空间站都以每小时 2.7 万千米的速度绕着地球运动。

按照相对论中的“钟慢效应”，物体进行高速运动时，时间流逝速度将变慢。通过计算得出，帕达尔卡回到地球后，地球上的时钟比他携带的时钟多走了 1/44 秒，也就是说，他竟然穿越到 1/44 秒之后的未来。

很显然，他所在空间站的速度不够快，因此，他进行的穿越之旅显得有点“不起眼”。我们假设，他乘坐的飞

船速度为光速的99.995%，即使到500光年外的哪颗行星间往返一次，也只需10年时间。

事实上，通过亚光速穿越进行时空旅行，可谓困难重重。

首先，从现在人类掌握的技术而言，还不可能成功制造出亚光速级飞船；其次，任何人都无法抵抗飞船产生的加速度，当飞船超过8倍重力加速度时，宇航员将有生命危险；最后，一旦飞船以亚光速飞行，它的质量会急剧增加，想维持之前的飞行难上加难。

是不是很“受伤”？对我们来说，要想做到科幻作品中那样穿越未来，真是可望而不可即呢！相比人类的笨重，为细微的粒子制造时间机器倒更现实。瑞士日内瓦就建造出世界最快的粒子加速器，粒子在这里替我们完成时空穿越之旅……

时空弯曲：从“观棋烂柯”的故事说起……

在我们中国，“观棋烂柯”的故事广为流传：

晋代，有个叫王质的人在山上砍柴的时候，偶然看到有两个下棋的小孩子，他饶有兴趣地站在一边观看。其中一个小孩子一边下棋一边吃枣，还给王质也吃了一枚大红枣。王质专心地看他们下棋，没觉得有什么异样。过了不一会儿，那个吃枣的小孩子对他说：你怎么还不回家？王质如梦初醒，急忙起身准备往家赶，却发现自己用来砍柴的斧头已经腐烂不堪。等他回到家，所有认识的人早已死去，世事也完全不是他所熟悉的

知识链接

还有一种最简单的穿越方案——人体冬眠。人体冬眠等于为生命暂时按下停止键，周围的一切随时间流逝起伏涨落，而冬眠的人独自“凌驾”于时间之上。其实，人体冬眠也是一种时间机器，只要设定一个与闹钟类似的唤醒机制，就可以去往未来任一时间点。动物中，长相“呆萌”的水熊虫适应力极强，不管高温、低温还是强辐射，即使在真空中也能生存很长时间，将它脱水冷藏后，10 年之后还能再次醒过来，是动物中名副其实的“时空旅行者”。

那般……

小朋友一定觉得这只是文学作品，几乎没有什么可信度。我们不妨设想，如果他砍柴的地方刚好是黑洞或中子星附近的某个地方，这个故事就不是“纯属虚构”啦！

相对论预言，大质量天体周围，时空会发生巨大弯曲，弯曲度越大，时间流逝也越缓慢。毋庸置疑，黑洞与中子星都是公认的极其致密的大质量天体。

“宇宙之王”霍金就曾建议，银河中央超大质量的黑洞简直就是“巨无霸”，完全可以将之看作现成的时间机器。它的质量为太阳质量的400万倍，绕它运行一圈需要8分钟左右，但对于地球而言却已经过去了16分钟，这么看来，时间流逝相差整1倍。

如果我们能做到不被引力所吞噬，始终与它保持一定的距离飞行，那么，黑洞这一时间机器绝对又酷又飒！

哥德尔的遗憾：闭合的时间圆环

在爱因斯坦70岁生日这天，他的忘年交库尔特·哥德尔为他精心准备了一份特别的贺礼——一幅建造时间机器的设计图。在哥德尔看来，只要乘坐这台时间机器，就有机会回到过去的某一时刻。对于这份别出心裁的礼物，爱因斯坦欣然接受了吗？先不论这样的时间机器是否能制造出来，可他的推论却表明相对论允许存在闭合类时曲线。

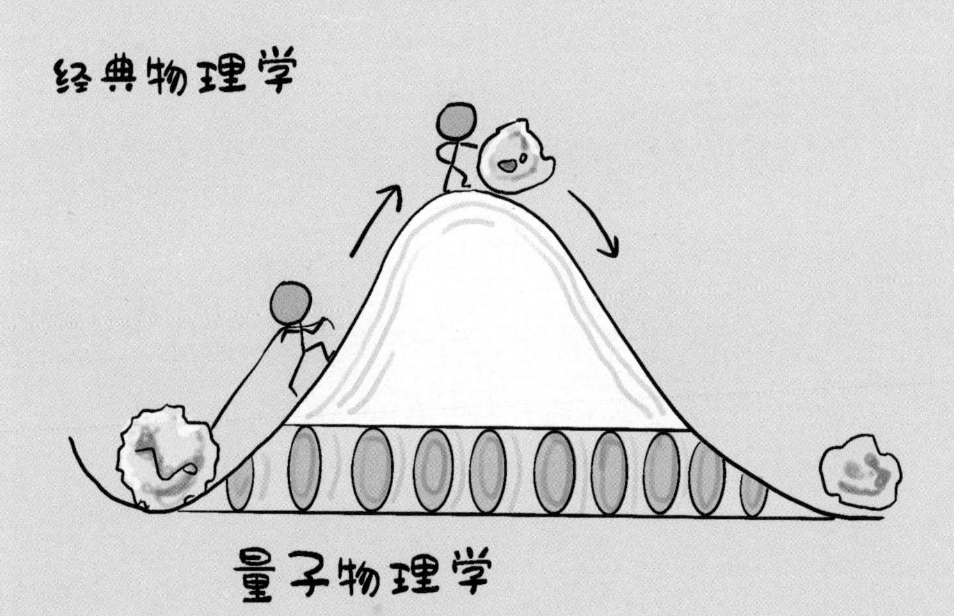

天生奇才：哥德尔

库尔特·哥德尔不仅是美籍奥地利数学家、哲学家，更是一位声名卓著的逻辑学家，其成就与古希腊的亚里士多德比肩，被誉为20世纪最具影响力的100位人物之一。

作为20世纪最伟大的逻辑学家之一，他一生的最“高光”时刻是25岁那年提出哥德尔不完备性定理：不管任何公式化系统，在定义其系统的公理基础之上，一定有既不能证明也不能证伪的问题。

爱因斯坦的晚年在普林斯顿的高等研究院度过，在这里，他和比自己小27岁的哥德尔结成忘年交。经过短暂接触，同为天才的两人从

数学到哲学、从物理到天文，几乎无话不谈。他们都觉得对方是自己的知心人，不管什么话题两人的观点都能完美契合。

年迈的爱因斯坦很庆幸有这样一位朋友陪伴自己，他们每天几乎形影不离，以至爱因斯坦毫不讳言：“我的工作不重要，之所以去研究院上班也只是为了得到和哥德尔一起步行走回家的荣幸。”

不难看出，爱因斯坦对这种开心的日子满意极啦！

在和爱因斯坦的交往中，哥德尔耳濡目染，很快将注意力转移到物理学领域。慢慢地，他的行为变得让人难以理解，朋友亲眼看到他拿着粉笔在黑板上反向写字，面对别人疑惑的目光，他一本正经地说：我是在演示时间倒流啊！

最特别的礼物

别看哥德尔的行为看似很“不靠谱”，但很快他就有一个惊人的大发现。他准备把这一发现作为送给爱因斯坦的 70 岁生日贺礼。

从相对论方程中，哥德尔发现了一种不一样的解：它描述了一个旋转的宇宙，物质旋转时会对时间方向产生拖曳作用，拖曳作用越明显，距离旋转中心也越远。只要距离足够远，完全可以形成闭合类时曲线。

物体在四维时空中运动的曲线称为类时曲线，表示类时线形成一种封闭的圆环称为闭合类时曲线，它表示物体能回到和过去完全一样的时空坐标。

小朋友一定有这样的经历：当我们绕着操场的跑道跑步，跑完一圈后，我们会发现自己又回到之前的起始位置。

哥德尔意识到这一点后，他觉得要想回到过去，只需飞船沿着某些远离旋转中心的轨道进行运动就可以啦！

得知他这一大胆的想法，爱因斯坦左右为难：他觉得这完全不可能实现，可是又

找不到其中任何不合理之处。

事实上，我们的宇宙不存在整体旋转，哥德尔宇宙有一个极其古怪的性质——整个宇宙都在旋转；我们观测的宇宙因处于膨胀中，宇宙学常数为正，但哥德尔宇宙学常数为负；我们眼中的时间流逝如直线，一件事的先后顺序一目了然，但哥德尔宇宙中完全没有事件的先后顺序，因为时间线已经闭合为一个圆。

为了证明自己的推论，哥德尔不遗余力，哪怕在生命的最后一刻，他还念念不忘询问周围的人：你们发现宇宙旋转了吗？

很遗憾，答案总是否定的！

允许闭合类时曲线的解：旋转柱和宇宙弦

虽然“会旋转的宇宙”成为哥德尔最大的遗憾，但他这一理论的影响极其深远。从广义相对论中，一些允许闭合类时曲线的解被物理学家们相继发现。其中，以天文学家弗兰克·提普勒提出的旋转柱和物理学家理查德·戈特提出的宇宙弦最为著名。

提普勒指出：在太空中，如果一个物体以一半光速旋转，时间就会扭曲折回。也可以这样理解：在时间上，原本相距很远的两点现在接近了，至少两点在同一地方了。从数学理论上来说，时间旅行很有可能。

只要将 10 倍于太阳质量的物质“加工”成一根足够致密、足够长的圆柱，之后让它以每分钟数十亿次的速度高速旋转，飞船就会绕着这个圆柱进行精确的螺旋形运动。

不过，“圆柱必须无限长”是提普勒旋转柱理论的最大局限。对此，他遗憾地表示：“我们距完全解决时间旅行所造成的违反规律的问题，路途还太遥远。”

理查德·戈特所认为的宇宙弦是宇宙一开始形成的一种极长、极细、极重的能量管。这根特别的能量管有时形成环形。它像极了一根很有弹性的意大利面条，随着宇宙膨胀，这根“面条”的长度可以贯穿整个宇宙。

无限长的宇宙弦可以在很多圈中环绕，且没有尽头。一旦相互平行的两个弦有所接近，周围时空将被极大地弯曲。按这样推理，实现时间旅行也是可能的。

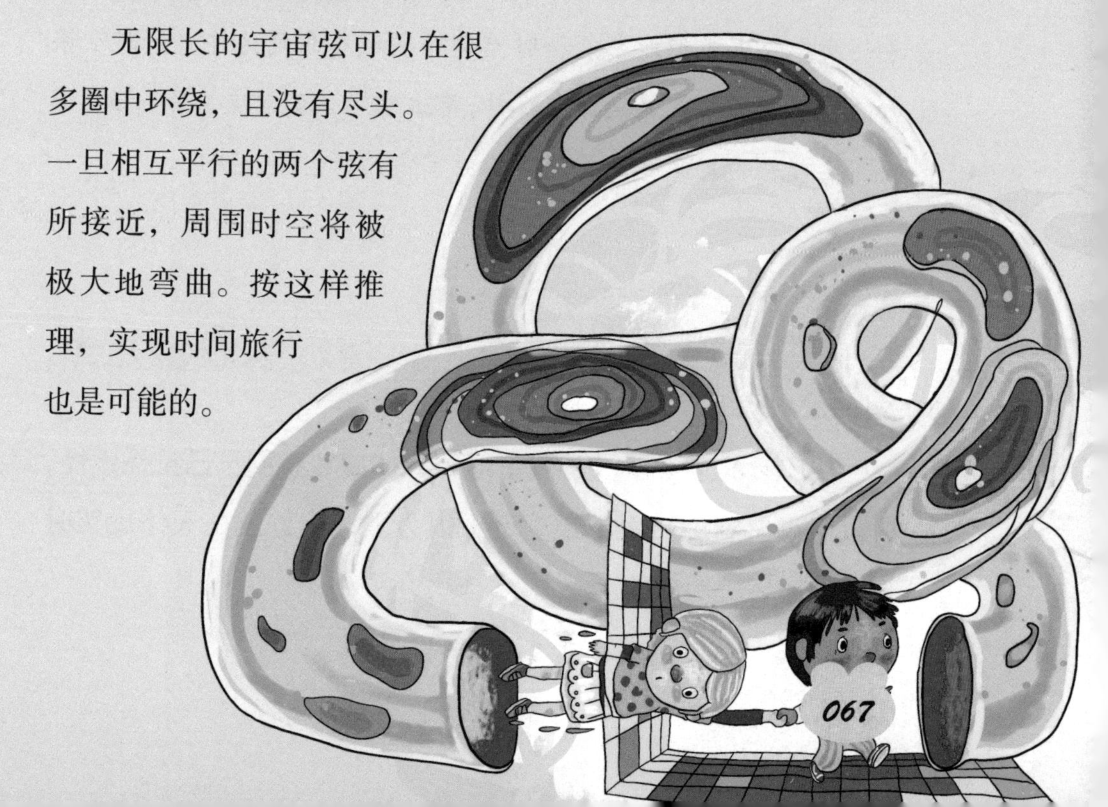

旋转黑洞：通往其他宇宙的时光隧道

“当宇宙弦开始扭曲，就能实现时空旅行”，这真是一个好消息。可问题的关键在于，假如宇宙初期并不具备时空旅行所需要的曲率，那我们能不能将时空部分区域卷曲到允许进行时空旅行的程度呢？如果黑洞也在旋转，那么它内外的时空又是什么“模样”？旋转的黑洞真的是通往其他宇宙的时空隧道吗？

“另类”黑洞“秀”：有趣的旋转黑洞

在广袤的宇宙里，银河、星球等天体旋转我们早已见怪不怪，所以假设黑洞旋转也不足为奇，因为黑洞恰好就是天体旋转时重力被崩坏所形成的。

呀！如果黑洞真如假设般在旋转，那可真有趣。

想象一下，在正在旋转的黑洞周围，光向四面八方射出，于是，光在重力作用下被“拽入”黑洞内部，黑洞的旋转方向也会被拉拽，这是因为黑洞拉拽周围的时空而旋转着。这时，就算光是朝着黑洞中心笔直地“冲”进去，仍然会不知不觉地远离中心。

旋转黑洞也称为克尔黑洞，有两个不重合的视界和两个红移面是它最明显的特征。视界是黑洞的边缘，无限红移指光从一个边界射出之后导致的引力红移。假如红移后频率为零，这一边界称为无限红移面。

英国数学家彭罗斯的宇宙监督定理认为：每个奇点外面都被一个视界所包围，以避免奇点被抛入茫茫宇宙时空。

克尔黑洞中心奇异区有一个由奇点围成的圆圈线——奇环。当黑洞的旋转速度加快，内外视界极可能合二为一，变成极端克尔黑洞。当旋

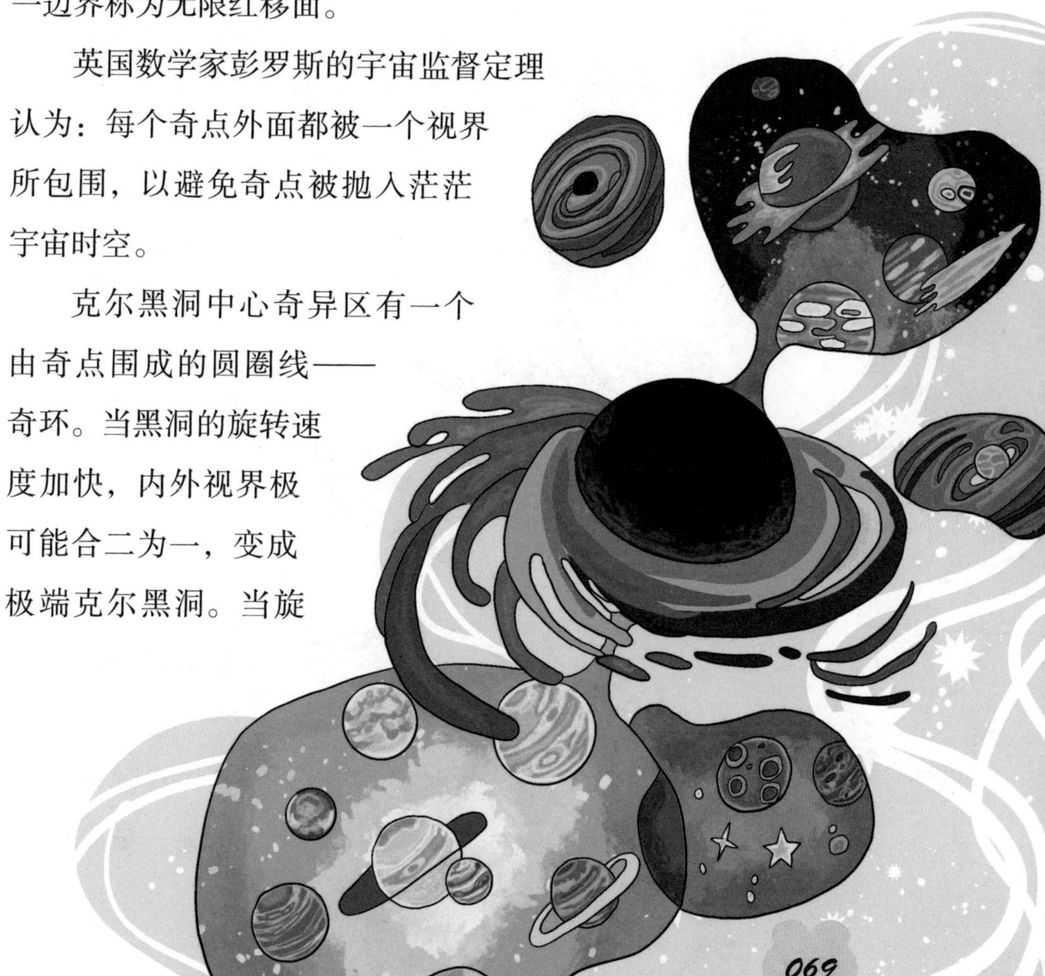

转速度更快时，视界消失不见，奇环在外面裸露。

这可大事不妙啊！因为这与彭罗斯的观点相悖呢！这时候，假如飞船从外部进入，将穿过内外视界之间的区域，一旦进入内视界就不一定在奇环上停留，而是可以四处运动。

此外，宇宙监督定理还认为，内视界内部区域极不稳定，在到达这一区域之前，飞船就已经和奇环“撞个满怀”啦！

在“宇宙监督”下，我们所处的宇宙不能受奇异性的干扰，与此同时，也不让我们有发现别的宇宙的可能。

“活力满满”：黑洞内外的时空

我们知道，黑洞表面称为事象的地平面。当不存在旋转情况时，在地平面外侧，如一架架好的火箭刚好与重力取得平衡，对黑洞来说，火箭处于静止状态。可一旦黑洞旋转起来，就会“强行拉扯”周围时空，因此，从地平面外侧到某一距离为止的慢慢靠近黑洞的过程中，火箭都像被黑洞的旋转拽着一般“动个不停”，不管用什么办法都不能让它静止下来。

至于黑洞内侧，那就更有意思啦！

在旋转的作用下，另一事象的地平面又“露面”啦！向外射出的光，本来应在它的位置上停留，但却出现在外侧事象的地平面上。

假如黑洞不旋转，就只有一个事象的地平面，只要落入其中，哪怕向外射出的光也只能“被迫”向内行进。

在黑洞旋转的情况下，因此产生的离心力好像要与重力相抵消，随着距离中心越近，向外射出的光虽然变成向内行进，但速度慢慢降低，直到最后在某个地方减为零。

在这一内部地平面上，只有当离心力在与重力的“交锋”处于优势地位时，向外射出的光才能真正做到向外行进。不过，光线要是落入黑洞内部的地平面之中，就再没有“生还”的希望。

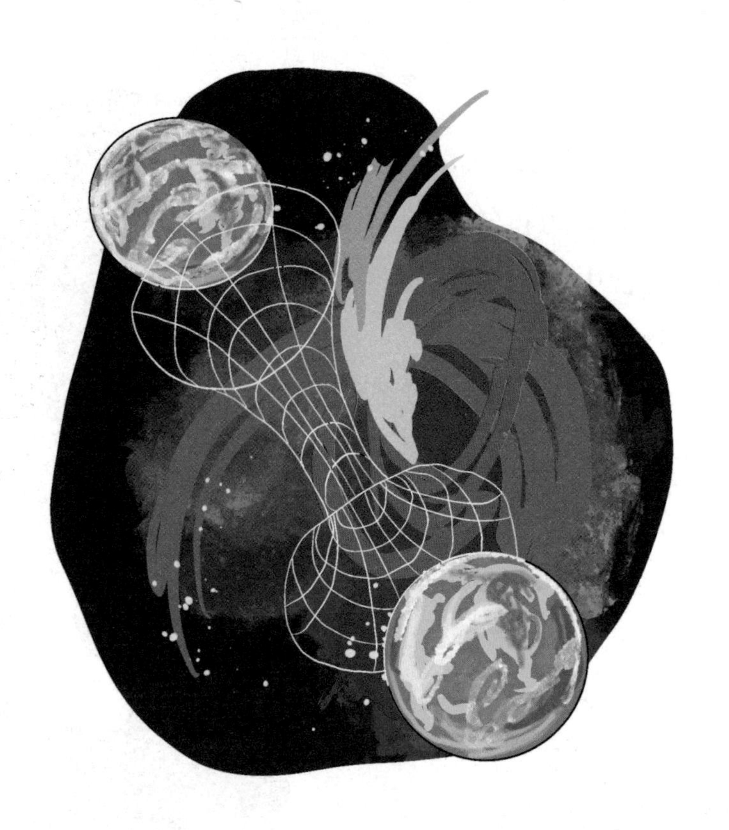

旋转黑洞：通往其他宇宙的时间隧道

旋转的黑洞有两个地平面出现，即使光线飞向外侧地平面，也会毫无意外地落入内部地平面。

在内部地平面中，重力和离心力取得平衡，而且影响力不大，所以未必不会产生和奇点“撞个满怀”的情况，而且可以做运动，可无论如何，光线仍没有“逃逸”到内部地平面外面的可能。聪明的小朋友一定会问：这运动，到底在哪里做的呢？

从一个宇宙到另外一个宇宙，现在发生一个不可思议的现象，也就是地平面的性质会发生突然改变。在这之前，本来是吸入的一方“摇身一变”，忽然变为吐出的一方，这就是为什么向内的光线就像在这个场所停留一般。

如此一来，本来位于内部地平面的人，转瞬间就被抛入内部地平面之外，之后又来到外部地平面之外。不过，这时到达的宇宙早已不是原来的宇宙啦！

天文学家们大胆推测，很可能其他宇宙中也有旋转黑洞存在，当有东西进入其中，就会穿越时光隧道，进入下面的宇宙中。

这么说来，就是因为旋转的宇宙，才让各宇宙彼此相连。所以有科学家指出，旋转的黑洞可以作为时光隧道来使用，它是前往其他宇宙最好的捷径。

不过，旋转黑洞究竟是不是真实存在，目前仍不清楚。这些理论都是基于对旋转黑洞性质进行数据调查的结果。

可“瞬间转移”的时空隧道：虫洞

不管是对现在的科幻作家，还是今后的时间旅行者，或是对天文抱有浓厚兴趣的我们来说，最欢迎的时间机器一定非虫洞莫属啦！单从理论而言，能让我们在超短的时间内穿越到任意一个时间、空间节点的，还有谁能超越虫洞呢？

科幻名作中的时空隧道

美国天文学家、物理学家卡尔·爱德华·萨根于1985年完成了一部科幻巨著——《接触》。这部著作的女主角爱洛薇对天文学十分感兴趣，一次偶然情况下，在对收到的来自太空的信息碎片进行破译后，她惊讶极了：这是外星文明在教她怎么实现时空穿越呢！

在情节设置上，萨根希望爱洛薇可以在很短的时间里就到达26光年外的织女星，但因爱洛薇的宇宙飞船不能打破光速壁垒，当然也就无法到达织女星。为解决这一问题，萨根独辟蹊径，让爱洛薇从黑洞中心的时空隧道瞬间穿越到宇宙的另一处。

对于这样的情节设定，深知自己对相对论还不熟悉的萨根不知是否妥当，他让好朋友基普·索恩给自己的书稿“把关”。

当索恩看完厚厚一叠打印稿之后，他提出看法：黑洞堪称“有去无回的地狱”，爱洛薇绝不可能从黑洞中成功穿越，在引力作用下，那里的真空涨落和辐射会急剧增加，之后将闯入其中的飞行员毫不留情地“撕碎”。

不过，索恩告诉萨根：虽然黑洞成为时空隧道不可能，但把它换成虫洞就“靠谱”多啦！

这对萨根来说，可真是天大的好消息。

顾名思义，虫洞就是被虫子咬出来的洞。在苹果表面，一只蚂蚁从它的一侧爬到另一侧，需要绕行一整圈；如果蚂蚁在苹果内部啃食出一条通道，就可“高效率”地从一侧穿越到另一侧，大大缩短路程和节约时间。

假如人类也能做到像蚂蚁穿越虫洞那般，那么只需借助一条便捷的时空隧道，就能实现穿越到另一时空的心愿了。

“开凿”超空间虫洞

在科学家们眼里，虫洞是超空间中的隧道。

对一只蚂蚁而言，它在二维宇宙中生活，就好像在一幅卷曲的图画中，只要不脱离曲面向上或向下，就能进行前后左右各方位运动。苹果内部为三维结构，对蚂蚁这种二维生物来说，简直堪称高维超空间。

同理，生活在三维宇宙中的人类，也一样不能看到四维或四维以上的宇宙，这样的宇宙对我们来说就是超空间。科学家们假设，如果在这种超空间中“开凿”出虫洞，我们就能在时空中任意穿行。

虫洞，简直就是最便捷的一种时间“机器”。

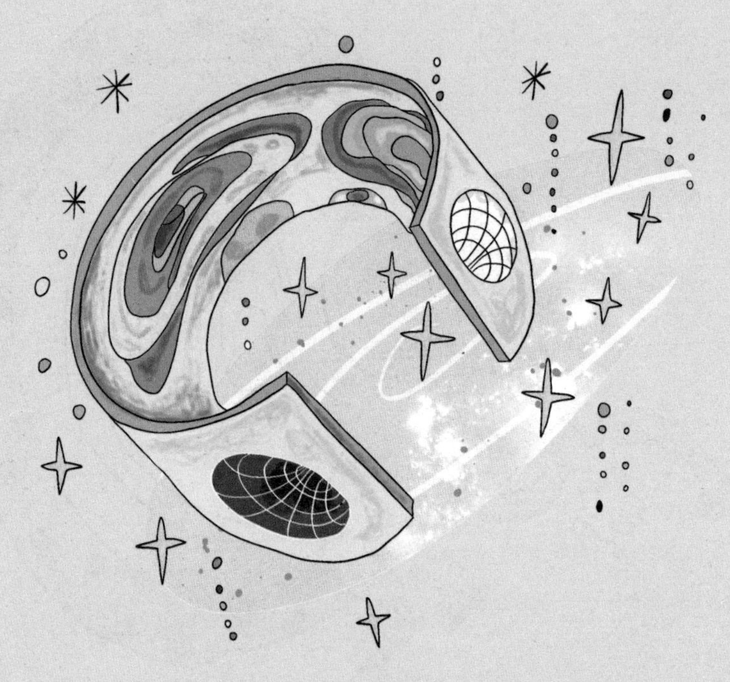

小朋友们千万别以为这只是科学幻想，1916 年，广义相对论建立之后的几个月，奥地利科学家路德维希·福拉姆从数学上对它的存在进行了证明。

他为我们描述了一个球对称而且不含任何引力的喉状区域，这是广义相对论方程的一个特殊解，又叫“福拉姆虫洞”。

1962 年，惠勒和他的得意弟子罗伯特·富勒指出：虫洞也不是一成不变的，它和每一种动物一样，都有从诞生到死亡的过程；虫洞的生命十分短暂，即使宇宙中的“飞毛腿”——光，也不能在如此短的时间内完成穿越。

如果有人妄想尝试，别急，等待他（她）的结果一定是：随着虫洞破裂而彻底灭亡。那怎样才能建造可穿越的安全虫洞呢?

引力透镜下的奇观：“爱因斯坦十字架”和“爱因斯坦环”

在了解建造可穿越的安全虫洞之前，我们很有必要先了解引力透镜。

我们知道，爱因斯坦在广义相对论中明确指出：物质告诉

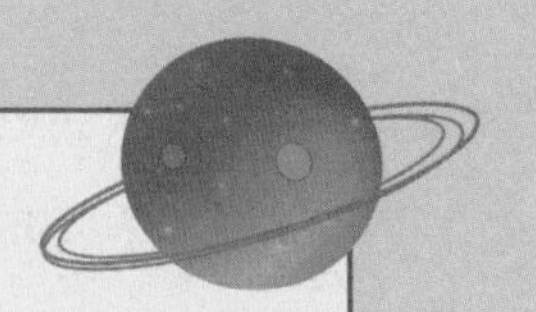

知识链接

爱因斯坦环指的是，在引力透镜效应下，当一个蓝色星系发出的光经过一个明亮的红色星系时，蓝色星系被扭曲成一个近似于完整的环的现象。这是引力透镜效应的一种特殊表现形式。2007 年，该星系被巡天望远镜发现。在哈勃太空望远镜的后续观察中，也发现了它的存在。

时空怎么弯曲，时空告诉物质怎么运动。这就好比橡皮膜上有个铁球，因为存在铁球这一大质量天体，铁球周围的时空将发生明显弯曲。

小朋友们也可理解成，光线一旦从大质量天体周围经过，它的传播方向便会发生改变。如此一来，宇宙中便分布有许多天然“透镜”，也就是我们所说的引力透镜。

爱因斯坦很早就意识到，恒星可以被看作透镜，将它背后更远地方的恒星或其他光源发出的光芒进行放大。但在他看来，天体引力透镜效应很难被观测到，因为它太微不足道啦！

当时的爱因斯坦并不知道，引力透镜效应至关重要。因宇宙中有黑洞、中子星以及无数像银河那样的星系，或许多星系组成的星系团，它们“力量大”，让光线发生明显偏转太简单啦！

一旦星系或星系团“变为”透镜天体，就能欣赏到很多奇观。

例如，当光源、透镜星系和观测者连成一条直线时，就形成了呈对称分布的四重像或圆环，它们的名字很有趣："爱因斯坦十字架"和"爱因斯坦环"。

实际上，宇宙引力透镜和物质的存在让光线弯曲都属于有会聚作用的凸透镜。

形状特殊的虫洞洞口开阔，中间狭窄，当有光从虫洞经过时，它就好比经过凹透镜一样——行进方向改变并向外扩散。这刚好和引力透镜效应相反。

如果宇宙中存在一种与普通物质性质完全相反的"奇异物质"，经过它的时候，光线只是向外弯曲，建造安全虫洞就极有可能啦！

穿越虫洞的“硬实力”：负能量和奇异物质

中国有句俗话：巧妇难为无米之炊。穿越虫洞的方案已经“制定”好，但在时间机器的建造上，我们还缺少所需要的材料。有人指出，建造虫洞需要具备的“特殊材料”是存在的，但这是真的吗？如果建造虫洞这一有史以来最为浩大的工程，那么，建造虫洞的材料能满足所需吗？对于我们而言，建造虫洞究竟切实可行还是遥不可及？

“慷慨”的负能量：可以透支的能量

建造虫洞，我们需要一种“奇异物质”，这种物质能让光线在经过它的时候，不是向内弯曲，而是向外弯曲。

出于这样的考虑，美国物理学家基普·索恩觉得：质量可以让光线向内弯曲，那么，只需要能量为负我们就能达到让光线向外弯曲的目的。

索恩和他的学生莫里斯大胆预言，奇异物质的能量是负值。

小朋友们一定匪夷所思，这不是太奇怪了吗？

一种物质可以说它有，具体有多少，也可以说它没有，结果为零。比如这里有一个姑娘，质量为 50 千克，她离开后，没有姑娘继续存在，质量为零。所以不可能会为负数啊！

这类比喻在经典物理范围内毫无问题，但量子领域诡秘莫测，一切皆有可能。

量子定律“慷慨”得多。只要你总能量为正，它就允许能量透支（为负），前提是能从其他正能量处获得补偿。

荷兰物理学家亨德里克·卡西米尔于 1948 年进行了这样的实验：在真空中，卡西米尔平行放置了两块不带电的金属板，虽然金属板不带电，可它们却出乎意

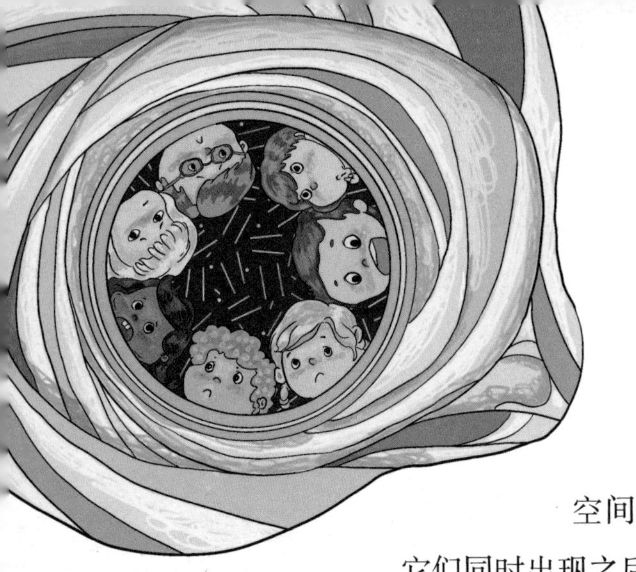

料地靠近了一些，这被称为“卡西米尔效应”。

对于这一神奇现象，卡西米尔觉得“始作俑者”为负能量。他对此进行解释:“空”空间也充满虚粒子和虚反粒子对，它们同时出现之后分开，再返回“相聚”并相互湮灭。但金属板间虚粒子数远比不上金属板外的“精彩世界”，因此产生对金属板向内的压力，导致金属板彼此靠近。

也就是说，虚粒子数比真空中还要少的两块金属板之间能量更低，所以它们呈现的就是负能量状态。

存在的奇异物质，难实现的梦想

从上面的卡西米尔效应不难看出，建造虫洞的奇异物质——负能量物质是存在的，但这并不意味着我们就能立即开始时空之旅的准备。

虫洞和黑洞一样，它们的周围都极其危险，因引力分布不均匀和时空曲率变化极大等因素，时空旅行家们一旦有谁贸然行事，无疑将被撕成碎片。

聪明的小朋友一定会说，那我们保证所穿越的虫洞足够宽敞，是不是就可以避免发生这样的恶劣结果呢?

不得不说，这样的问题简直太棒啦!

科学家们计算得出，如果只是保证一个原子可以顺利通过虫洞而避免发生悲剧，虫洞的半径就至少需要一光年。这也就意味着，所需负能量物质的总量超过银河系发光物质的一百倍还多呢！

如此一来，我们能想象出要保证一位时空旅行家顺利穿越虫洞所需之巨吗？毋庸置疑，如果开始虫洞的建造，那绝对堪称人类有史以来规模最为浩大、最为艰巨的工程。

在卡西米尔实验中，相距 1 米的两块金属板，每立方米内的负能量物质仅有 10 ～ 44 千克，小朋友对此不妨这样理解：这一密度大致相当于在 10 亿亿立方米的浩瀚空间中，只有一个基本粒子漂浮。

即使现代科技高度发展，人们依然找不到足够数量的奇异物质来建造虫洞。基普·索恩觉得，即使科技再发展几个世纪，人类对建造虫洞依然无能为力。

时光机器的制造与“双子吊诡”事件

假如真的有可穿越的虫洞,制造时间机器就不是什么事儿。“双子吊诡”事件可以很好地证明这一点。这就需要小朋友好好回忆《黑洞的谜团》一书中对这一事件的介绍啦!

你一定好奇，难道时间机器和“双子吊诡”事件有什么联系吗?

一开始，我们先尽最大可能将虫洞 A、B 两个入口缩小。为更好地说明情况，将虫洞两个入口同时连接，如此一来，难免产生和“双子吊诡”一样的情况，B 入口的时间晚了，将同时产生两个具有不同时刻的虫洞进入口。

不妨这样举例:

早上 8 点的时候从 B 入口出发，当从 B 入口回来之时，A 入口的时间正好为晚上 8 点，但 B 入口的时间却是早上 10 点。不过事实却是，即使以接近光速的速度来加速前进，也不能这么快回来。

换一种说法。

位于A入口附近的人，于晚上8点抵达B入口处，并从B入口飞了进去。如果他花费1个小时抵达B入口，那么抵达B入口的时间应该为晚上9点。当然，这是以他自己的钟表进行测算的。

如果早上10点回到原来的地方之后就保持静止，这之后B入口的钟表时间就应该与A入口的钟表时间相同才对。按照这样推算，这个人在到达B入口时，B入口的时间应为上午11点。但因为B入口的11点和A入口的11点相连，所以，当他飞入B入口之后，就会在上午11点从A入口飞出来。

问题很明显啦!

他可是在晚上8点出发的呢，如此一来，是不是就意味着他回到过去了呢?

千万别以为时间机器就这么制造出来啦，因为制造时间机器的任务太过艰巨，最大的症结在于，我们真的可以制造出可供穿越的虫洞吗？即使有这样的虫洞，人类能自如地操控它吗？虫洞是不是还有别的入口？……

真是一个头两个大!

小不点儿，大能量：石破天惊宇宙绳

迄今为止，虫洞的存在依然没有得到证明，用这样的空想之物来制造时间机器太不现实。既然如此，你一定很想知道，那有没有“靠谱”点的办法来制造时间机器呢？毕竟，能进行时空穿越之旅可太酷啦！答案是肯定的，在各国科学家的努力下，一种全新理论被提出来，它就是——宇宙绳。

宇宙绳：别看我像蜘蛛丝，力量大无比

如果要说宇宙起源学说中哪个最有说服力，毫无疑问，一

定是大爆炸理论啦！

有科学家说，一开始，宇宙有许多密集的小黑洞产生；有科学家觉得，我们所生活的空间仅仅是沸腾多泡的大宇宙中的一个泡泡而已；还有科学家认为，因大爆炸的发生，有无数仍在宇宙中“游荡”的磁单极粒子产生……

现在，很多科学家都认为：宇宙中充满绳，这就是宇宙绳。

1981年，维伦金作为“绳论”观点的创始人之一，指出：在宇宙大爆炸产生的力量下，有无数虽细长但能量高度聚集的管子形成，这个管子就是“绳”。

奇怪的是，这种绳比原子还细，看上去像极了蜘蛛丝，即使我们走路穿过它也毫无知觉。千万别就此小看它，因为2.5厘米长的宇宙绳就有着和科罗拉多山脉加在一起一样多的质量。虽然有大质量，但它不对其他物质施加引力作

用。如果将宇宙绳系在地球上，它不费吹灰之力就能把地球拖到半人马座 α 星那里而不会折断。

宇宙绳有封闭绳和开放绳两种，它们的直径只有 10^{-30} 厘米那般细，原子大小也仅约 10^{-8} 厘米。据推测，1 厘米宇宙绳就有 1 亿吨的 1 亿倍那么重呢！

此外，宇宙绳有极强的张力，只有光速才能让它振动起来，这可真是“个子小，脾气却很大”。

找啊找，宇宙绳的线索在哪里？

经过缜密计算，维伦金认为：很可能每隔 200 亿光年左右的距离也只有一根宇宙绳，它的分布极其稀疏。

不过，别灰心。

如果真有哪根宇宙绳恰好在几十亿光年之遥的距离绕过宇宙一角，我们一定能观测到。因为，假如它真形成于宇宙初期的扰动阶段，它就会剧烈震动，因宇宙绳有巨大的质量，这种震动就会导致引力波。

我们知道，自产生开始，引力波就一直处于衰减状态，而且在地球绕日运动过程中出现缓慢又规律的扰动情况。如此一来，天文学家们一定能

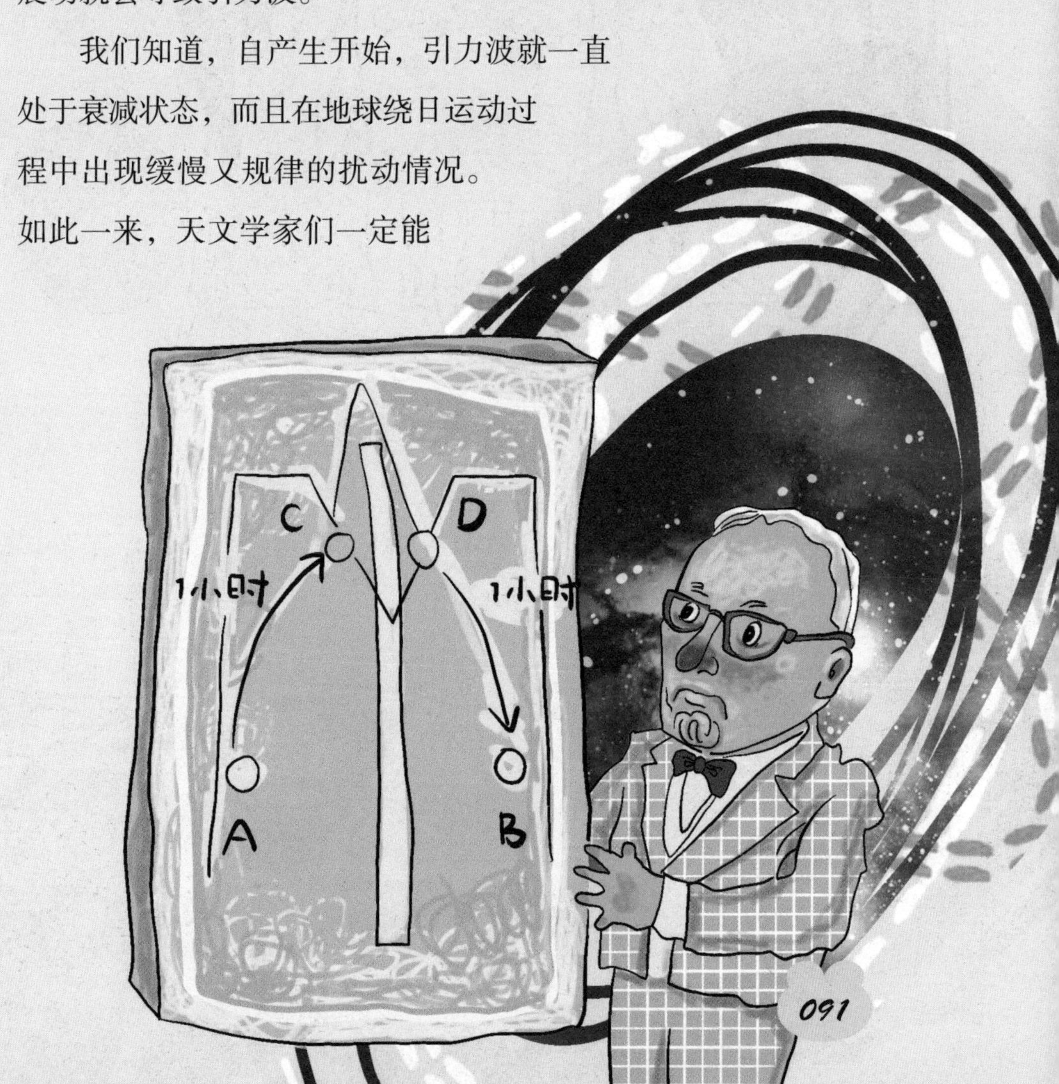

检测出这种效应。当然，这也成为我们判定宇宙中是不是有宇宙绳存在的关键线索。

长期以来,宇宙学都有很多谜团悬而未解。天文学家们觉得，一旦找到宇宙绳的线索，很多谜团将迎刃而解。

例如，宇宙形成之初，那些性质相同、稀薄的气体怎么在原有的位置上成为星系呢？这可以用宇宙绳思想来解释：在气体运动下，一根质量超级大的宇宙绳将平均分布的气体严重扰乱，形成“致密凹谷”之后，它们自行坍塌，星系由此形成。

一段时间后，宇宙绳又“调皮”地将很多能坍缩成黑洞的物质“拽住”，这样看来，似乎宇宙中每个星系都有黑洞存在的可能。

呀！这也意味着：正是宇宙绳将这些星系“拖拽”到一起的！这种说法是否正确，希望小朋友们有一天能给出确切的答案。

宇宙绳从哪里来？真空转化是答案

如果真有宇宙绳，那它是怎么形成的呢？科学家回答说，它是在“真空相互转换”的过程中形成的。

真空转换？很难理解是不是？

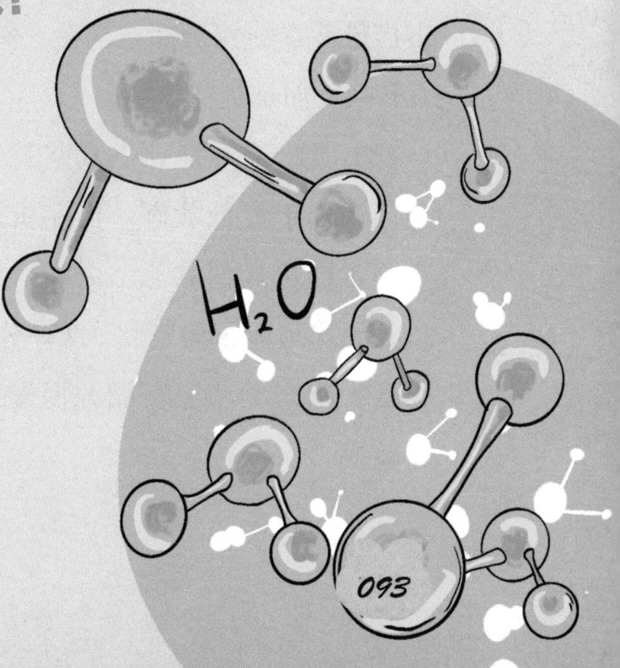

知识链接

希格斯玻色子是粒子物理学标准模型所预言的一种自旋为零的玻色子。它不带任何电荷、色荷，一旦生成后就会立刻衰变，是个名副其实的“暴脾气”。1964 年，英国科学家彼得·希格斯在希格斯场存在的基础上预言了希格斯玻色子的存在。在粒子物理学领域，标准模型可描述除引力外的强力、弱力及电磁力三种基本力以及组成所有物质的基本粒子，也能合理解释大多数物理现象，因此被广为接受。

在生活中，冰化为水，水化成冰，都是相互转换。水、水蒸气和冰，化学式都为 H_2O。在不同温度的影响下，它们的状态会随时进行转换，像这种受温度等因素影响导致状态发生突变的情况就称为相互转换。

宇宙初期发生的情况与此类似，但因为最初温度极高，宇宙连最基本的粒子都不存在。所以，我们这里所说的物质的相互转换，而是真空本身。

小朋友千万别觉得真空就是什么都没有，事实上，它只是能源处于最低状态。当宇宙连最基本粒子都没有时，这就是宇宙能源最低状态。之后，宇宙膨胀，温度降低，一种分子开始均匀地布满空间，这种分子叫作“希格斯玻色子”分子。在这一状态下，宇宙能源慢慢变低，这一现象就是真空的相互转换。

很明显，这是以互相转换作为分界线，对于新真空，只有希格斯玻色子相互作用部分，能源才慢慢降低。不能成为新真空的区域依然保持旧真空状态，相比四周状态，能源相应变高。没有成为新真空的部分，看起来像绳子一样，所以被命名为宇宙绳。

不可思议的宇宙绳时空

完全有理由认为，为了完成时空旅行的梦想，科学家们一直坚持不懈，努力寻找一种可以完成梦想的可能。当然，制造出“承载梦想”的时光机器是实现时空旅行的重中之重。为了找寻时空机器的制造方法，在宇宙大爆炸思想的基础上，科学家们提出宇宙绳思想。你一定很难想象，就是因为宇宙绳周围那些不可思议的神奇时空，才让时光机器极有可能制造出来。

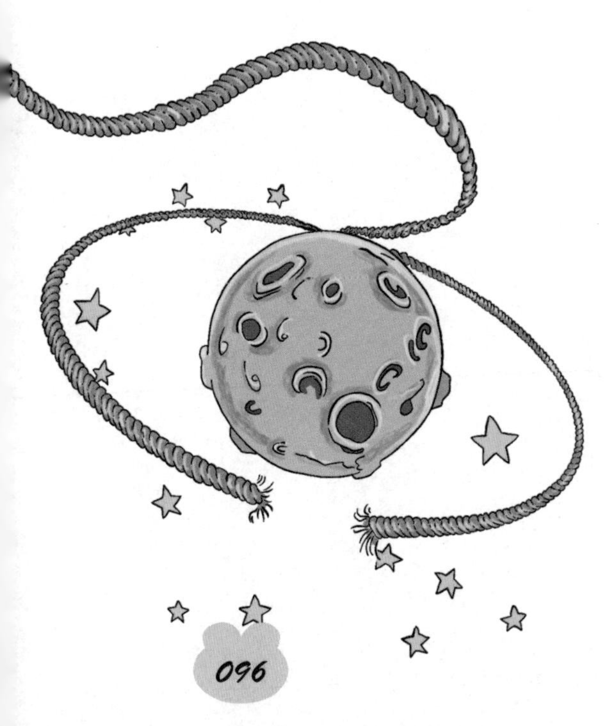

缺口：宇宙绳周围的神奇时空

小朋友，你能描述一下浮现在你脑海中的宇宙绳吗？或许你会说，像蜘蛛丝一样纤细，像绳子一样柔软……你是不是觉得很难想象呢？

其实，面对我们难以表述的事物时，很多时候，图画表

达比文字表述更为直观，也更便于理解。

为了更好地理解宇宙绳，我们可以用图画来表达。

首先，我们可以将宇宙绳想象成一根延伸得长长的、笔直的绳子；其次，试着将这根宇宙绳绕周围环绕一圈。如果不存在宇宙绳，毫无疑问，绕一点环绕一圈的角度为 360° ，然而，因为有了宇宙绳的存在，绕行它周围所需的角度一定比360° 小。

之所以出现这样的情况，究其根本，就是宇宙绳周围有角度残缺的部分存在。当宇宙绳质量越大时，与此相应，角度残缺部分也越大。

在此，我们不妨将宇宙绳周围的时空用一张垂直的纸来演示，如果纸张和延伸得直直的宇宙绳呈垂直状态，这时将由纸张以宇宙绳作为顶点所形成的三角形剪掉，你会吃惊地发现：原来宇宙绳角度的缺口部分和所得到的缺口完全相等。

宇宙绳也玩“角色扮演”

那么，怎么才能对这一结论进行检验呢？

我们严格按照上面的方法将三角形剪下来，之后绕着宇宙绳四周转一圈，我们又将发现，缺少的也真的只是被剪掉的角度部分而已，当然，这一角度也小于 360° 。

此时，我们要是将一边的切口和另一边的切口相互连接，

当到达一边的切口时，接下来的瞬间就能移到另一边的切口。

可是，在宇宙绳四周到底有什么特别的事情发生呢？小朋友们，按照下面的描述在脑海里想象一下：

在很远的地方，两条互相平行的光线从宇宙绳的两侧穿过，这时，宇宙绳周围的时空难免出现角度缺损的情况。

小朋友也可以这么理解：当经过宇宙绳时，原本在远方平行行进的两条光线，它们的路径不仅会慢慢接近，还会发生交叉的情况。

如此一来，宇宙绳就不知不觉中玩起了“角色扮演”——充当透镜的角色。而宇宙绳扮演的这个“角色”，恰好成为制造时光机器的关键。

接下来，真正激动人心的时刻到啦！我们开始在宇宙绳思想的引导下制造一个能穿越时空的时光机器吧！

任重而道远：用宇宙绳制造时光机器

我们这里所说的制造时光机器，当然不是实际动手操作，而是先从理论方面考虑。

如果宇宙绳周围有甲、乙两点，注意这里有一个前提，从甲出发，之后到达乙。在没有宇宙绳的情况下，速度一定低于光速，即使再快的速度，也需要一定的时间。这里，我们将这一时间视作 3 小时。在有宇宙绳的情况下，选择通过它四周被剪掉的部分，速度就会快得多。也可以理解成，以光速以下的速度行进，到达的时间就会少于 3 小时。

再看这样一个事例：

从甲处到丙处需要 1 小时，从丁处到乙处需要 1 小时。如果丙处与丁处的时刻相同，即从甲处到乙处只需要 2 小时。此时，丙和丁之所以有相同时刻，是因为宇宙绳处于静止状态。

那假如宇宙绳是处于运动状态，又会是什么情形呢？

假设宇宙绳向甲处运动，对于静止的人来说，丙处时刻将会比丁处时刻更迟一些。即使在某人看来两点的时刻完全一样，对于那个人来说，他所见到的和运动中的人见到的也不是同时的。因此，这种情况下，对静止的人而言，从丙处前往丁处这一过程，看上去就仿佛已经回到过去。

提出这一理论的是一位叫高特的美国人。虽然这一理论看起来有理有据，无懈可击，但宇宙绳是不是真的存在呢？即使我们可以在想象的世界里制造时光机器，但怎么对其进行操控呢？因此有科学家无奈地感叹：时光机器的制造问题，依然任重而道远。

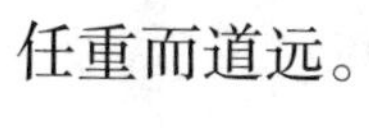

“时间警察”：严禁回到过去的时序保护

也许，我们也和很多科学家一样，幻想能乘坐时间机器，穿越回过去的某一时间节点，让很多遗憾的事情有重新再来的机会。哪怕只是让我们像小时候一样，向妈妈要个温暖的抱抱、甜甜的亲亲也好啊！可真的有这样的机会吗？

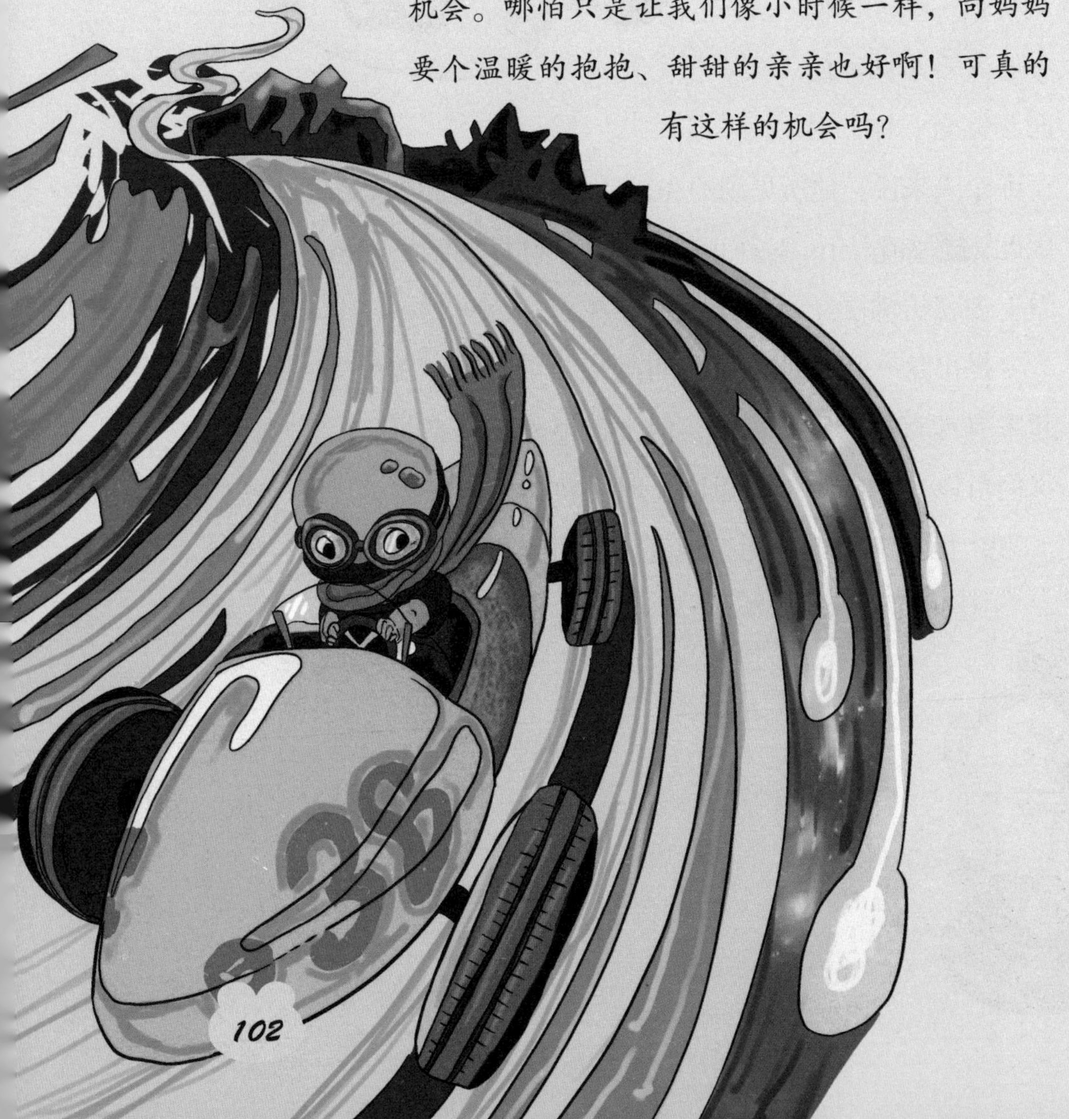

“神行太保”也打不破的光速壁垒

1923年，爱因斯坦相对论逐渐被大家所熟悉。当时，英国《拳打》幽默杂志社刊登了这样一首叫《相对论》的有趣小诗。

年轻的小姐叫怀特

她跑得比光还快。

她以相对性的方式，

在当天刚刚出发，

却早已在前一天晚上到达。

你一定怀疑自己看错了，“今日出发，昨日到达”，怎么可能呢？即使诗中的怀特小姐是速度超快的“神行太保”，可是她真的有能力打破光速壁垒吗？

时间和空间相连，进行逆时旅行的前提是你能超越宇宙“飞毛腿”——光。时间旅行意味着超光速飞行，即在旅程最后阶段进行逆时间旅行，如此就能让你的旅程在你所希望的短时间

内完成。

实际上，小诗中的怀特小姐再快，也不能超过光速而让时间逆流。相对论表示：任何物体都不能超过光的速度。

如果有谁能突破光速，那么他（她）不但能回到过去，还能在今天、明天之间自如穿梭。就好比我们今天前往月球，但事实却是我们昨天就已经到了月球。

这是不是和怀特小姐的经历一样呢？

科学家们也不停地尝试突破光速的办法，哪怕他们用粒子加速器将基本粒子的速度加快到光速的99.99%，想要达到光速，还是远远不够。

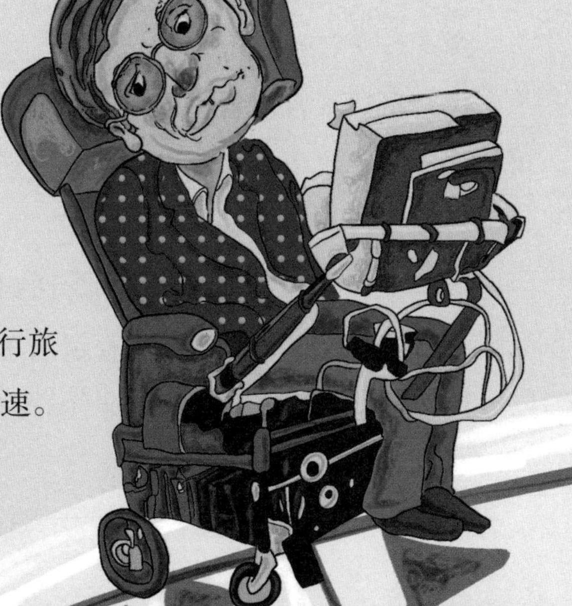

同样，时间机器进行旅行的最大“瓶颈”也是光速。

热情的霍金，糟糕的派对

“宇宙之王”霍金于2009年举办了一次盛大的鸡尾酒会。

霍金对这次酒会寄予了极大的热情，他兴高采烈地发出邀请，信心满满地做着各项准备。不过，他的热情并没有带来好结果。

四周精致的点心完好无损，价值不菲的酒原封未动，整个酒会自始至终都只见到霍金和自己的轮椅做伴。

此时，墙壁上的欢迎词显得格外刺眼：欢迎光临，时间旅行者。

原来这是霍金为时间旅行者举办的派对呀！这次酒会的请柬，其实是在酒会之后才发出的呢！

在写给时间旅行者的请柬上，他诚意满满地写道：诚挚地邀请您参加时间旅行者见面会，史蒂芬·霍金教授主办。2009年6月28日12点。

小朋友们一定很吃惊，也可能

觉得霍金没有诚意。不过，虽然邀请了时空旅行者，但是他们一定能收到霍金的请柬吗？

结果我们已经知道了，这次酒会，真是太糟糕啦！

宇宙“时间警察”：时序保护

对于这次特殊的、失败又糟糕的酒会，霍金虽然有点小失望，但却证实了他一直坚持的一个观点：人类没有任何可能穿越回过去。

对这一说法，霍金解释说：宇宙好像有一个时序保护机制存在，以避免封闭类时曲线的形成，从而让历史学家们得到安全的宇宙。

霍金这句话也能这么理解：从根本上，物理学定

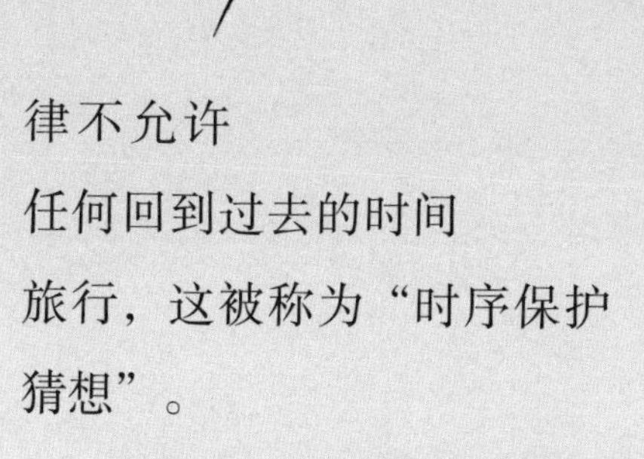

律不允许
任何回到过去的时间
旅行，这被称为“时序保护
猜想”。

其实，在很多科幻作品中，经常出现“时间警察”之类的特殊角色，抓捕企图擅自穿越的“时空偷渡者”是时间警察的最主要任务。

对于“时空偷渡者”来说，乖乖待在原本的时空内才是他们应该做的。

很明显，时序保护就相当于“时间警察”。经过缜密的演算和推理，霍金明确指出：想做时间机器，不管用虫洞、旋转柱还是宇宙绳，在它成为时间机器之前，一定会有一束真空涨落穿过它，并对之进行破坏。

这就不难解释霍金的酒会为什么始终没有时空旅行者来参加啦！因为他们也不能成功制造时光机器回到过去啊！

听起来好疯狂：难缠的“祖父悖论”

我们已经解释了当今世界为什么没有来自未来的旅行者，其实，假如我们真的可以顺利回到过去并对一些历史进行改变，那么因此带来的一系列问题将接踵而至，让人不胜其烦。例如，听起来很疯狂的“祖父悖论”。

祖父悖论：能回到过去，但不能改变历史

假如有这样一个人，他乘坐时间机器穿越回祖父小时候的

年代，之后，他毫不犹豫地掏出一把手枪将年幼的祖父打死。

看到这里，小朋友们一定难以置信，如此一来，后来的情况可就大不妙啦！

如果这个人将尚处于幼年的祖父一枪打死，祖父后来又怎么娶妻生子呢？真是这样的话，没有之后父亲的出生，当然也就不存在这个开枪打死祖父的家伙。如果没有这个家伙的存在，祖父也就不会被打死。

简直太矛盾了嘛！

应该说，祖父悖论揭示出回到过去的时间旅行对事件因果时序的破坏，因此，祖父悖论还有一个名字——因果佯（yáng）谬。

那么，历史真的能改写吗？一旦历史被改写，我们就不能成为我们，如此，我们又该处于什么位置呢？

假如我们真的能做到自由地改变过去，那么，就不可避免地会遇到很多难以调和的矛盾。不得不承认，这是个难题。

滑稽却有效的“香蕉皮机制”

有时候，遇到按照常理难以解决的问题，我们不妨独辟蹊径，换个角度思考问题。

看上去，祖父悖论抛给我们的问题确实很头疼，但有些聪明的人十分擅长化解刁钻的问题。对他们来说，解决这一大麻烦只需要一件最不起眼的东西——香蕉皮。

相信自己的眼睛，你没有看错，被我们随手扔进垃圾桶的香蕉皮，正是我们需要的道具。

当他乘上时间机器穿越回祖父幼年时，就在他掏出手枪对准祖父准备扣动扳机的那一瞬间，一不小心，他脚下一滑，原来是一个香蕉皮将他“撂倒在地”。

多新鲜哪！

“砰——”

枪响之后，他不但没有将自己的祖父打死，自己倒四仰八叉地摔倒在地。无疑，祖父的命是保住啦！

由一种突发的、极其特殊的事件来阻止时间旅行者对历史的改变，物理学家们给这一“手法”起了个诙谐的名字——香蕉皮机制。

在香蕉皮机制下，时间旅行者看起来能够随心所欲地行事，但只要他的行为即将导致因果佯谬，就会受到一些看似偶然的

因素干扰，从而让行动失败。

虽然“香蕉皮”的出现看似概率小又滑稽，但却是解决因果佯谬的有效手段。

量子世界真疯狂：“薛定谔的猫”的多世界解释

解决因果佯谬这类问题时，经典物理所提供的解决方案总不尽如人意。但量子理论就大不一样啦，它支持我们的思维自由飞翔。

量子物理学大师薛定谔于 1952 年在爱尔兰都柏林发表了连他自己都认为极其疯狂的演讲。

回忆一下我们之前所讲的“薛定谔的猫”实验：

一只猫被关在一个封闭的盒子里，一个不稳定的原子核决定盒子内的毒气开关，猫在这种状态下随时会死去。对外部观察者来

说，猫是死是活永远不会知道，除非打开盒子。在量子力学观点下，猫处于“半死半活”的叠加状态。

不过，在这次演讲中，薛定谔“脑洞大开”，给出“薛定谔的猫”一种多世界的大胆解释。

在一个世界里，猫是死的，但在另外一个平行世界里，猫是活的。多世界观点指出，在世界中，我们每进行一个动作都会有一个平行世界被创造出来，在其间进行反动作。

这像极了一棵充满“魔力”的、枝丫各不相同的树，我们只要向前迈出一步，就会有更多的枝丫同时伸出来。

如果用多世界观点解答因果佯谬就轻而易举啦！

它接受时间旅行家将自己的祖父杀死，宇宙并没有什么影响，只是时间线有了分叉。祖父在一个平行世界被杀死，但在另一个平行世界中，他一切照旧，慢慢长大，之后娶妻生子……

图书在版编目（CIP）数据

时间简史. 时间的历史 / 郭炎军编著；张雪青绘
. -- 北京：北京理工大学出版社，2024.3
（孩子们看得懂的科学经典）
ISBN 978-7-5763-2970-4

Ⅰ. ①时…　Ⅱ. ①郭…　②张…　Ⅲ. ①宇宙—少儿读物　Ⅳ. ①P159-49

中国国家版本馆CIP数据核字（2023）第195445号

责任编辑：封　雪　　文案编辑：封　雪
责任校对：周瑞红　　责任印制：施胜娟

出版发行 / 北京理工大学出版社有限责任公司
社　　址 / 北京市丰台区四合庄路6号
邮　　编 / 100070
电　　话 /（010）68944451（大众售后服务热线）
（010）68912824（大众售后服务热线）
网　　址 / http://www.bitpress.com.cn

版 印 次 / 2024年3月第1版第1次印刷
印　　刷 / 三河市嘉科万达彩色印刷有限公司
开　　本 / 710 mm×1000 mm　1/16
印　　张 / 7.5
字　　数 / 73千字
定　　价 / 118.00元（全3册）